U0312172

Tasty Food
食在好吃

最有妈妈味的
家常菜

杨桃美食编辑部 主编

江苏凤凰科学技术出版社

图书在版编目（CIP）数据

最有妈妈味的家常菜 / 杨桃美食编辑部主编 . -- 南京 : 江苏凤凰科学技术出版社 , 2015.7（2019.11 重印）

（食在好吃系列）

ISBN 978-7-5537-4317-2

Ⅰ . ①最… Ⅱ . ①杨… Ⅲ . ①家常菜肴 - 菜谱 Ⅳ . ① TS972.12

中国版本图书馆 CIP 数据核字 (2015) 第 065794 号

最有妈妈味的家常菜

主 编	杨桃美食编辑部	
责 任 编 辑	葛　昀	
责 任 监 制	方　晨	

出 版 发 行	江苏凤凰科学技术出版社
出 版 社 地 址	南京市湖南路 1 号 A 楼，邮编：210009
出 版 社 网 址	http://www.pspress.cn
印　　刷	天津旭丰源印刷有限公司

开　　本	718mm×1000mm　1/16
印　　张	10
插　　页	4
版　　次	2015年7月第1版
印　　次	2019年11月第2次印刷

标 准 书 号	ISBN 978-7-5537-4317-2
定　　价	29.80元

图书如有印装质量问题，可随时向我社出版科调换。

妈妈的味道，爱的味道

妈妈的味道是一种什么样的味道？妈妈的味道是家的味道，是爱的味道，是一种传承的味道！对儿童而言，妈妈的味道是一种依赖；对成年人而言，妈妈的味道是一种幸福；对老年人而言，妈妈的味道是一种回忆！有妈妈味道的菜，都是妈妈用食物给孩子留下最好的味道。一碗面条，一碗饺子，或是一盘土豆丝，一盘清蒸鱼，一道道看似最平实的美味，但每一口都饱含着真挚的母爱。

《最有妈妈味的家常菜》以家常菜为主轴，搜罗了最下饭的经典家常菜、开胃凉拌菜、营养主食以及海鲜美味。所有食材不但普通、易得，而且搭配十分合理，几乎每个妈妈都可以熟能生巧地做出来。此外，书中还详细讲解了食材进行正确的前处理后，只要10分钟左右就可以快速完成的美味，即使生活忙碌，也可以用最短的时间把不一样的爱摆上桌！

单位换算	
1 大匙（固体）	= 15 克
1 小匙（固体）	= 5 克
1 茶匙（固体）	= 5 克
1 茶匙（液体）	= 5 毫升
1 大匙（液体）	= 15 毫升
1 小匙（液体）	= 5 毫升
1 杯（液体）	= 250 毫升

目录
CONTENTS

PART 1
美味下饭家常菜

8	葱爆肉片	24	红烧丸子	40	水晶苍蝇头
9	京酱肉丝	25	椒麻猪排	41	蚂蚁上树
10	糖醋里脊	26	照烧肉排	42	雪里红炒肉末
11	沙茶牛肉	27	椒盐鸡腿	43	土豆炒肉末
12	辣子鸡丁	28	鱼香茄子	44	笋丝卤爌肉
13	滑蛋牛肉	29	开阳白菜	45	家常卤味拼盘
14	橙汁排骨	30	肉酱烧豆腐	46	肉末炒豆干丁
15	蒜香排骨	31	脆皮炸丝瓜	47	白菜卤
16	黑胡椒牛柳	32	豆干肉丝	47	腐乳烧肉
17	蚝油牛肉	33	家常豆腐	48	照烧鸡腿
18	芦笋炒鸡柳	34	酸白菜炒肉片	48	三杯杏鲍菇
19	咕咾肉	35	干煸四季豆	49	香葱肉臊炒牛肉
20	蒜泥白肉	36	茄汁豆泡	50	寿喜酱炒芦笋
21	西鲁肉	37	油焖苦瓜	51	炸酱炒青菜
22	瓜仔肉	38	辣味剑笋	52	咸菠萝烧排骨
23	八宝肉酱	39	鱼香烘蛋	53	腐皮蒸树子

53　肉臊烩鲜鱼
54　老皮嫩肉
55　脆笋炒肉片
55　酱冬瓜炖鸡
56　咖喱鸡丁
56　蚝汁淋芥蓝
57　蔬菜烩豆腐
57　培根炒圆白菜
58　肉片寿喜烧
58　肉片四季豆卷
59　绿豆芽烩肉片
59　肉酱淋生菜
60　泰式酸辣拌肉片
60　蒜苗炒腊肉
61　辣炒羊肉片
61　麻辣牛肉
62　猪肝炒韭菜
63　沙茶羊肉空心菜
64　客家小炒
65　泰式打抛肉
65　清蒸瓜仔肉
66　肉馅时蔬
66　玉米炒肉末
67　肉丸子烩彩蔬
67　什锦菇羊肉片
68　树子蒸肉
68　炒牛肉松夹生菜
69　寿喜霜降肉片
70　肉馅炒三丁
70　椒盐脆丸
71　宫保鸡丁
71　芹菜炒鸭肠
72　麻婆豆腐
73　肉酱炒圆白菜
73　绿豆芽炒肉丝
74　小黄瓜炒猪肝
75　五更肠旺
76　泡菜炒肉片
77　糖醋排骨
77　芹菜炒肥肠
78　酸菜炒肉片
79　麻辣鸭血
80　椒麻鸡

PART 2
快手开胃凉菜

82　凉拌五毒
83　酱拌黄瓜
84　酸辣绿豆粉
84　凉拌茄子
85　葱油萝卜丝
86　葱油海蜇
87　凉拌黄瓜鸡丝
87　卤汁拌海带丝
88　蒜酥拌地瓜叶
88　凉拌鸭掌
89　海苔菠萝虾球
89　和风芦笋
90　腐乳拌蕨菜
90　凉拌土豆丝
91　凉拌白菜心
92　辣味鸡胗
92　麻油黄瓜

93　麻辣耳丝
93　香椿豆干丝
94　黄瓜粉丝
94　五味章鱼
95　五味鱿鱼
96　梅酱芦笋虾
97　凉拌芹菜鱿鱼
98　泡菜拌牛肉
99　橙醋肉片
100　银芽拌肉丝
101　凉拌洋葱鱼皮
102　熏鸡丝拌黄瓜
102　西芹拌烤鸭
103　金针菇拌肚丝
104　芝麻香葱鸡
104　洋葱拌鲔鱼

PART 3
营养主食

106	葱油炒粄条
106	泰式凉拌粉条
107	XO酱炒河粉
107	韩式辣炒年糕
108	鱼片粥
109	卤汁炒面
110	咖喱乌冬面
111	鳗鱼盖饭
111	牛肉卷饼
112	绍子干拌面
113	牛丼饭
114	京酱肉丝拌面
115	沙丁鱼米粉
115	猪肉炒乌冬面
116	咸蛋肉饼
117	海鲜泡饭
118	蚝油肉片捞面
119	什锦烩饭
120	叉烧卷饼
121	土司披萨
122	金包银蛋炒饭
122	海鲜炒面
123	辣菜脯炒饭
124	泡菜炒饭

PART 4
新鲜美味海鲜菜肴

126	海鲜类产品处理妙招	139	胡椒虾	152	蛤蜊丝瓜
127	豆酱鲜鱼	140	姜丝蒸蛤蜊	153	银鱼炒豆干
128	香烤蟹盒	141	咸酥虾	153	树子蒸鲜鱼
129	五柳鱼	142	豆豉汁蒸生蚵	154	蟹肉蒸丝瓜
130	豆酥蒸鳕鱼	143	三杯中卷	154	蛤蜊蒸蛋
131	罗勒炒螺肉	144	干烧大虾	155	豆腐鲜蚵
132	干煎带鱼	145	热炒蟹脚	155	罗勒海瓜子
133	椒盐鲜鱿	146	蒜茸蒸草虾	156	银鱼炒苋菜
134	酸辣鱼皮	147	蜜汁鱿鱼卷	157	蒜苗炒墨鱼
135	醋溜鱼片	148	酱黄瓜蒸鱼肚	158	咸冬瓜蒸鲜鱼
136	红油鱼片	149	糖醋鱼片	158	红烧海参
137	宫保虾球	150	酸菜炒鱼肚	159	滑蛋虾仁
138	豆豉鲜蚵	151	蟹丝炒蛋	160	烩三鲜

PART 1

美味下饭
家常菜

家常菜如何烹调才能快速又美味？10分钟就能做出的经典菜色，绝对不容错过！

葱爆肉片

材料
葱	150克
猪肉片	180克
姜	10克
红辣椒	10克
食用油	2大匙

调料
A
水	1大匙
淀粉	1小匙
酱油	1小匙
蛋清	1大匙

B
酱油	2大匙
白糖	1小匙
水	1大匙
水淀粉	1小匙
香油	1小匙

做法
① 猪肉片洗净沥干，放入碗中，加入调料A抓匀，腌渍2分钟备用。

② 葱洗净切小段，姜去皮、红辣椒去籽，均洗净、切小片备用。

③ 热锅，倒入2大匙油烧热，放入腌渍好的猪肉片以大火快炒至表面变白，盛出备用。

④ 锅中留底油继续烧热，放入葱段、姜片和红辣椒片，以小火爆香，加入酱油、白糖及水炒匀，再加入猪肉片以大火快炒10秒钟，最后加入水淀粉勾芡并淋入香油即可。

烹饪小秘方

肉片不老的秘诀
炒肉片很快，但要炒得好吃，肉片就不能炒得太老，通常肉片的厚度只有0.1～0.2厘米，和所有材料一起炒，很快就老掉了，要口感滑嫩柔软，首先要加淀粉抓腌，然后先下肉片炒到快熟就盛出，等其他材料炒匀了再放回肉片一起拌匀即可。

京酱肉丝

材料

猪肉丝	150克
黄瓜	1根
食用油	2大匙

调料

水	50毫升
甜面酱	3大匙
番茄酱	2小匙
白糖	2小匙
香油	1小匙
水淀粉	1小匙

做法

1. 黄瓜洗净切丝，均匀放入盘中备用。
2. 猪肉丝放入碗中，加入水淀粉抓匀备用。
3. 热锅，倒入2大匙油烧热，放入猪肉丝以中火炒至肉丝变白，加入水、甜面酱、番茄酱及白糖，持续炒至汤汁略收干，以水淀粉勾芡，最后淋入香油，盛出放在小黄瓜丝上即可。

烹饪小秘方

肉丝柔嫩的秘方

炒肉丝既快又下饭，但是同样有怕老怕干的问题，搭配番茄酱一起烹调，除了好吃之外，还能让肉质吃起来更鲜嫩，因为番茄能让肉的纤维变柔软，同时含有更多的水分。

糖醋里脊

材料

猪里脊肉	250克
青椒丝	20克
红椒丝	20克
黄椒丝	20克
食用油	适量

调料

A

淀粉	1大匙
米酒	1/2小匙
盐	1/8小匙
鸡蛋液	1大匙

B

白醋	1大匙
陈醋	2大匙
番茄酱	2大匙
白糖	4大匙
水	2大匙

C

水淀粉	1大匙
香油	1小匙

做法

1. 猪里脊肉洗净沥干，切成筷子般粗细的肉条，放入碗中，加入调料A抓匀备用。

2. 热锅，倒入2碗油烧热，将肉条均匀沾裹上少许淀粉(材料外)后放入锅中，以中小火炸3分钟至金黄酥脆，捞起沥干备用。

3. 重新热锅，加入少许油，放入青椒丝、红椒丝、黄椒丝以中小火炒香，加入调匀的调料B，拌匀并煮开后淋入水淀粉勾芡，最后倒入炸好的肉条拌炒均匀，再淋上香油即可。

烹饪小秘方

里脊肉切条易熟又入味

想要快速烹调肉类，通常会选择切丝、切片或是搅碎成肉馅，不过里脊肉却不适合这么做，因为里脊肉和其他部位的肉类比较起来瘦得多，要快熟又好吃，最适合的反而是切成肉条入菜，口感好不会太硬，短时间就能充分入味。

沙茶牛肉

材料

牛肉	150克
芥蓝	200克
蒜末	20克
食用油	2大匙

调料

A

沙茶酱	2大匙
淀粉	1小匙
酱油	2小匙
白糖	1/2小匙
米酒	1小匙
水	1大匙

B

香油	1小匙

做法

1. 牛肉洗净切片，放入碗中，加入调料A拌匀备用。

2. 芥蓝洗净沥干，切小段备用。

3. 热锅，倒入2大匙油烧热，放入备好的牛肉片以中火快炒至牛肉松散，加入蒜末续炒至散出香味，加入芥蓝炒1分钟至熟，最后淋入香油即可。

烹饪小秘方

如何让肉片更入味

肉片在烹调之前大多都会先腌过，而且在所有材料下锅之后还会再经过一次调味，其实可以在腌肉的时候就将所有调料一起加进去，下锅的时候连腌肉片的酱汁一起下，如此不但可以省掉另一次调味的步骤，同时也可以让肉片更入味。

辣子鸡丁

材料
鸡胸肉	150克
青椒	60克
姜	10克
葱	2根
食用油	3大匙

调料

A
淀粉	1小匙
盐	1/8小匙
蛋清	1大匙

B
红辣椒酱	1大匙
酱油	1大匙
米酒	1小匙
白醋	1小匙
白糖	1小匙
淀粉	1/2小匙
水	1小匙

做法

1. 鸡胸肉洗净切丁，放入碗中，加入调料A抓匀，腌渍2分钟备用。
2. 青椒洗净去籽切丁，葱洗净切小段，姜洗净切小片，备用。
3. 调料B放入碗中，调匀成酱汁备用。
4. 热锅，倒入2大匙油烧热，放入备好的鸡胸肉，以大火快炒1分钟至八分熟，盛出备用。
5. 重新热锅，倒入1大匙油烧热，放入葱段、姜片及青椒丁以小火爆香，加入鸡胸肉以大火快炒5秒钟，边炒边将备好的酱汁分次淋入炒匀即可。

烹饪小秘方

酱汁帮助鸡丁快速入味

以翻炒的方式要让颗粒状的鸡丁入味会需要较长的时间，也会让肉质变得比较干硬，所以在鸡丁快要炒熟的时候应该分次加一点酱汁，以半烧煮的方式帮助鸡丁完全熟透和入味会更好吃。

滑蛋牛肉

🍲 材料
鸡蛋	4个
牛肉片	100克
葱花	15克
食用油	2大匙

🥄 调料
盐	1/4小匙
米酒	1小匙
高汤	80毫升
淀粉	1小匙

📖 做法
1. 牛肉片放入小碗中，加入1小匙淀粉(材料外)充分抓匀，放入滚水中汆烫至水滚后5秒，立即捞出冲凉沥干备用。
2. 将所有调料放入小碗中调匀备用。
3. 鸡蛋打入大碗中，加入备好的调料搅打均匀，再加入牛肉片及葱花拌匀。
4. 热锅，倒入2大匙油烧热，将做法3的材料再拌匀后一次倒入锅中，以中火翻炒至蛋汁凝固即可。

烹饪小秘方
蛋汁快熟又嫩的秘诀

　　蛋汁是很浓稠的液体材料，下锅后若以大火快炒至熟会容易变硬变老。要做出滑润软嫩的口感，可以先在蛋汁中加入调匀的水淀粉，再以中火稍微翻炒，就能让蛋汁快速熟透且口感绝佳。

橙汁排骨

🥘 材料

排骨　　　200克
食用油　　200毫升

🥄 调料

A
蛋清　　　1小匙
米酒　　　1小匙
盐　　　　1/4小匙
淀粉　　　1大匙

B
柳橙汁　　3大匙
白醋　　　1大匙
白糖　　　1.5大匙
盐　　　　1/8小匙
水淀粉　　1小匙
香油　　　1大匙

📖 做法

1️⃣ 排骨洗净后沥干剁小块，放入大碗中，加入调料A拌匀备用。

2️⃣ 热锅，倒入200毫升油烧热至160℃，放入排骨以大火炸5分钟至表面微焦，捞出沥干油备用。

3️⃣ 另起锅，将柳橙汁、白醋、白糖、盐放入锅中以小火煮开，加入水淀粉勾薄芡，再加入排骨炒匀，最后淋入香油即可。

烹饪小秘方

小排骨油炸维持鲜嫩

选择切小块与大火油炸的方式来制作这道菜，是为了让排骨快熟，但同时也会让排骨的肉汁流失，所以在腌的时候一定要搭配上蛋清与淀粉，才能更紧密地锁住肉汁的鲜美。

蒜香排骨

材料

材料	用量
蒜	100克
排骨	500克
红辣椒	2个
葱花	少许
食用油	适量

调料

A

米酒	1小匙
淀粉	2大匙
盐	1/4小匙
蛋清	1大匙

B

椒盐粉	1/2小匙

做法

1. 排骨洗净沥干，以刀在较厚的一面切深出交叉刀痕至骨头深处，再剁成小块备用。

2. 取80克蒜加50毫升水，放入果汁机打成汁，倒入碗中，加入调料A拌匀，放入排骨腌渍3分钟。

3. 剩余的20克蒜与洗净的红辣椒均切细备用。

4. 热锅，倒入约500毫升油烧热至160℃，放入排骨以中火炸6分钟至表面微焦，捞出沥干油分备用。

5. 将锅中的油倒出，余油继续加热，放入蒜碎及红辣椒碎以小火爆香，加入炸好的排骨，撒入椒盐粉炒匀并撒上葱花即可。

烹饪小秘方

划刀纹缩短烹调时间

大块的材料并非只有切小、切薄，才能达到快速熟透节省烹调时间的目的，还可以利用不同的刀法缩短烹调速度，例如在这道菜，利用在大块的排骨肉上划出较深的刀纹，就能让温度更快深入排骨的内部，自然也更快熟透了。

黑胡椒牛柳

材料

材料	
牛肉	200克
洋葱	1/2个
蒜	4瓣
红甜椒丝	30克
食用油	适量

调料

A

嫩肉粉	1/4小匙
淀粉	1小匙
酱油	1小匙
蛋清	1大匙

B

粗黑胡椒粉	1大匙
番茄酱	1小匙
A1酱	1小匙
水	2大匙
盐	1/4小匙
白糖	1小匙
水淀粉	1小匙
香油	1小匙

做法

1. 将牛肉洗净，切成3厘米长、与笔同粗细的肉条，放入碗中，加入调料A拌匀，腌渍2分钟。
2. 洋葱去皮，洗净切丝，蒜切碎，备用。
3. 热锅，倒入2大匙油烧热，放入腌渍好的牛肉以大火快炒至牛肉表面变白，盛出备用。
4. 重新热锅，倒入1大匙油烧热，放入洋葱丝、红甜椒丝和蒜碎以小火爆香，加入黑胡椒略翻炒几下，再加入番茄酱、A1酱、水、盐及白糖拌煮均匀，接着放入牛肉条以大火快炒10秒钟，最后以水淀粉勾芡并淋入香油炒匀即可。

烹饪小秘方

大火封住原汁原味

牛肉是很适合快速烹调的食材，因为它的特质就是脂肪量低，所以不炒快会不好吃。大火快炒是为了让牛肉表面更快熟，同时要快速地翻动让每一面都均匀受热，才能更好地把肉汁封锁住，维持牛肉特有的鲜嫩多汁口感。

蚝油牛肉

材料
牛肉片	300克
芥蓝	100克
葱段	100克
蒜碎	50克
红辣椒	2个
食用油	适量

调料
蚝油	60毫升
鸡精	1小匙
白糖	1小匙
胡椒粉	1小匙
米酒	1大匙
香油	1大匙
水	100毫升

腌料
水	1大匙
米酒	1大匙
鸡蛋	1个
（取1/2蛋清）	
胡椒粉	1小匙
嫩精	少许
香油	1大匙
淀粉	1小匙

做法
1. 牛肉片加入所有腌料搅拌均匀；芥蓝洗净切5厘米长的段，放入沸水中汆烫至熟后捞出；辣椒洗净切片，备用。
2. 热锅，倒入适量油，立刻放入牛肉片以冷油大火快速搅拌至表面呈白色状，立即捞起沥干。
3. 锅中留少许油，放入葱段、蒜碎及红辣椒片爆香后，加入所有调料与牛肉片，以大火炒至收汁，最后放入芥蓝炒匀即可。

烹饪小秘方

快手腌肉秘诀

　　腌肉需要一点时间入味，可以的话最好事先准备好，腌一小盒肉放在冰箱里保存，1~2天用掉是最省时又美味的方法，如果来不及腌长时间，可以稍微增加腌料的分量加快入味。

芦笋炒鸡柳

材料

芦笋	150克
鸡肉条	180克
黄甜椒条	60克
蒜末	10克
姜末	10克
辣椒丝	10克
食用油	适量

调料

盐	1/4小匙
鸡精	少许
白糖	少许

腌料

盐	少许
淀粉	少许
米酒	1小匙

做法

1. 芦笋洗净切段，汆烫后捞起，备用。
2. 鸡肉条加入所有腌料拌匀，备用。
3. 热锅，加入适量油，放入蒜末、姜末、辣椒丝爆香，再放入腌拌好的鸡肉条拌炒至颜色变白，接着放入芦笋段、黄甜椒条、所有调料炒至入味即可。

烹饪小秘方

食材切差不多大小较受热均匀

食材切成差不多大小，烹调时间才会均匀一致，如果遇到比较不易熟的食材，比如芦笋，就需要先烫煮过再放入一起炒，这样可以保持食材颜色翠绿，且更容易熟、快速上桌。

咕咾肉

材料

梅花肉	100克		
洋葱	20克		
菠萝	50克		
青椒	15克		
红辣椒	1/4个		
食用油	适量		

腌料

盐	1/4小匙
胡椒粉	少许
香油	少许
鸡蛋液	1大匙
淀粉	1大匙

调料

白醋	100毫升
白糖	120克
盐	1/8小匙
番茄酱	2大匙
淀粉	1/2碗

做法

1. 梅花肉洗净切1.5厘米厚片，加入所有腌料拌匀，再均匀沾裹上淀粉，并将多余的淀粉抖去，备用。
2. 青椒、红辣椒、菠萝、洋葱皆洗净切片，备用。
3. 热油锅烧至160℃，将梅花肉片逐块放入油锅中，以小火炸1分钟，再转大火炸30秒后捞出、沥干油分，备用。
4. 原锅留底油，放入青椒片、红辣椒片、菠萝片、洋葱片，以小火炒软，再加入所有调料，待煮滚后放入肉片，以大火翻炒均匀即可。

烹饪小秘方

3步让肉片快速入味

有厚度的肉片或肉块比较难入味，烹调时最好遵循1腌2炸（或过油）3调味的步骤，腌肉可让里面有味道，而炸过之后与调料一起炒或烧一下，表面才能吸收更多酱汁，整体的味道才能均匀。

蒜泥白肉

材料

蒜泥	20克
带皮猪五花肉	300克
葱花	20克
红辣椒末	10克

调料

酱油	3大匙
冷开水	2大匙
白糖	1小匙
香油	1大匙

做法

1. 带皮五花肉洗净，放入滚水中以小火煮至熟。
2. 将煮熟的五花肉取出冲冷水至降温，放入冰箱中冰镇备用。
3. 将五花肉自冰箱中取出，切薄片，再放入500毫升开水略烫，捞出沥干水分后排入盘中。
4. 将酱油、冷开水、白糖、蒜泥、红辣椒末和葱花拌匀，最后加入香油调匀成酱汁，均匀淋到肉片上即可。

烹饪小秘方

冰镇让肉块切得又快又漂亮

整块的猪肉要切片可不是件容易的事，烫熟之后又软又烫，更增加了切片的难度，此时不如以冷水冲凉，再放进冰箱里冰镇一下，不但猪皮可以变得更加软嫩爽口，也让切片的时间大大地缩短。

西鲁肉

🍲 材料

猪肉丝	100克
大白菜	400克
胡萝卜丝	20克
黑木耳丝	40克
蒜末	10克
葱段	15克
鸡蛋	2个
食用油	适量

🥄 调料

Ⓐ

高汤	200毫升
盐	1/4小匙
陈醋	2大匙
白糖	1小匙
白胡椒粉	1/4小匙

Ⓑ

水淀粉	1大匙
香油	1大匙

🍳 做法

① 大白菜洗净，对剖去掉心后切小块，放入滚水中氽烫至略软化，捞出沥干备用。

② 鸡蛋打入碗中搅匀，以漏勺倒入400毫升热油中炸成蛋酥，捞出沥干备用。

③ 热锅，倒入少许油烧热，放入蒜末及葱段以小火爆香，加入猪肉丝炒松，待表面变白盛出备用。

④ 将烫好的大白菜、胡萝卜丝、黑木耳丝、蛋酥及调料A一起放入锅中以大火煮开，放入做法3的材料转中火煮3分钟至白菜熟软，以水淀粉勾芡，淋入香油即可。

烹饪小秘方

半炒半烧让肉嫩汤鲜

炒肉入口比较干，烧肉又要花上很多时间，折中的办法就是半炒半烧，先炒出材料的香味，再酌量加水烧出材料的鲜甜，同时也提高了肉丝入口的嫩度，炒过的材料只需要稍微烧煮一下就能非常入味。

瓜仔肉

材料

酱黄瓜	120克
猪肉馅	250克
葱	20克
蒜	20克
红葱头	10克
食用油	适量

调料

酱油	3大匙
水	50毫升
白糖	1小匙
水淀粉	2小匙
香油	1小匙

做法

1. 酱黄瓜取出剁碎备用。

2. 葱、蒜及红葱头去皮后洗净、切碎，备用。

3. 热锅，倒入少许油烧热，放入切好的葱、蒜及红葱头以小火爆香，加入猪肉馅续炒至散开，加入酱黄瓜碎、酱油、水及白糖以小火煮2分钟，最后加入水淀粉勾芡并淋入香油即可。

烹饪小秘方

利用腌渍酱菜让调味变轻松

腌渍酱菜的味道大多都非常浓郁有特色，虽然有些可以直接吃，但是拿来当材料入菜则可以利用它们原本的好味道，让菜肴变得更简单也更有特色，例如这道酱黄瓜与猪肉馅所做成的瓜仔肉，滋味可要比只有肉馅的肉臊丰富得多。

八宝肉酱

🍱 材料

豆干丁	80克
猪肉馅	50克
榨菜丁	50克
毛豆	50克
胡萝卜丁	50克
香菇丁	30克
虾米	20克
蒜末	10克
食用油	适量

🥄 调料

辣豆瓣酱	1大匙
甜面酱	1大匙
米酒	1大匙
白糖	2小匙
水淀粉	2小匙
香油	1小匙
高汤	少许

📋 做法

① 将榨菜丁、虾米、毛豆、胡萝卜丁一起放入滚水中氽烫，捞出冲凉后沥干备用。

② 热锅，倒入少许油烧热，放入猪肉馅、香菇丁、豆干丁及蒜末以中火炒散，加入辣豆瓣酱及甜面酱继续炒出香味，再加入高汤及做法1材料翻炒均匀，最后加入白糖、米酒调味，以水淀粉勾薄芡并淋上香油即可。

烹饪小秘方

快手必备调味圣品

做菜时要快且有好味道，其实有很多秘诀，例如调味时可以加上传统酱料来帮忙，这些酱料都经过长时间的精心酿造与调配，只要新鲜材料加上一点辣豆瓣酱、甜面酱，随手都能做出味道层次丰富的美味。

红烧丸子

材料

猪肉馅	300克
姜末	10克
葱末	10克
鸡蛋液	1个
大白菜	300克
胡萝卜片	20克
食用油	适量

调料

A

盐	1/4小匙
白糖	5克
酱油	10毫升
米酒	10毫升
白胡椒粉	1/2小匙
淀粉	1大匙
香油	1小匙

B

酱油	3大匙
高汤	100毫升
白糖	1/2小匙
水淀粉	1大匙
香油	1小匙

做法

1. 大白菜洗净，撕小片氽烫至软，捞出沥干备用。

2. 将猪肉馅加入调料A中的盐拌至略有黏性，加入白糖、淀粉、酱油、米酒、白胡椒粉及鸡蛋液拌匀，再加入葱末、姜末及香油，拌匀后捏成小圆球，即成肉丸。

3. 热锅，倒入400毫升油烧热，放入肉丸以小火炸4分钟至熟，捞出沥干油分备用。

4. 锅底留油继续烧热，放入调料B中的酱油、高汤、白糖和大白菜、肉丸和胡萝卜片以大火煮开，转中火续煮1分钟，再以水淀粉勾芡并淋入香油即可。

烹饪小秘方

10分钟做肉丸子的秘诀

要在10分钟以内完成红烧丸子，必须同时用上好几个诀窍，首先丸子的形状要做成大约1元硬币大就好，接下来肉馅的调味厚重一点，就不怕丸子短时间不入味，最后也别忘了勾点芡，滋味就会和红烧30分钟的效果一样棒。

椒麻猪排

🍖 材料

猪里脊肉	200克
圆白菜丝	40克
香菜末	10克
蒜末	5克
红辣椒末	10克
地瓜粉	1碗
食用油	适量

🥄 调料

Ⓐ	
酱油	1大匙
米酒	1小匙
Ⓑ	
酱油	2大匙
柠檬汁	1大匙
白糖	1小匙

📋 做法

① 猪里脊肉洗净切成厚0.4厘米的片，用刀尖在肉排上刺出一些刀痕使肉容易熟且入味，放入碗中，加入调料A抓匀腌渍2分钟备用。

② 圆白菜丝洗净沥干后，均匀装入盘中备用。

③ 热锅，倒入适量油烧热至160℃，将猪里脊肉两面沾上地瓜粉后放入锅中，以中火炸3分钟至酥脆，捞出沥干切片，盛入圆白菜丝盘中。

④ 将香菜末、蒜末及红辣椒末放入小碗中，加入调料B拌匀，淋在猪排上即可。

烹饪小秘方

猪排快速熟透入味

　　猪排的口感比猪肉片要来得更扎实有咬劲，但是厚度却会延长入味与熟透的时间，要快速地烹制猪排，就要在洗净沥干之后，先以刀尖浅浅地切划出刀痕再开始腌，这些刀痕并不会影响猪排的口感，却能帮助调料与热量更容易进入猪排的中心，自然就能快速地熟透与入味。

照烧肉排

材料

猪里脊肉	300克
熟白芝麻	1小匙
食用油	适量

调料

A

水	1大匙
酱油	1大匙
淀粉	1小匙
白糖	1小匙
米酒	1小匙

B

照烧酱	3大匙
水	60毫升

做法

1. 猪里脊肉洗净沥干，将白色的筋切断，放入碗中，加入调料A拌匀备用。

2. 热锅，倒入2碗油烧热至160℃，放入做法1的猪排，以中小火炸2分钟至两面略金黄，取出沥干油分。

3. 原锅留少许油继续加热，加入调料B煮匀，再加入炸好的猪排以中火翻炒至汤汁略收干盛盘，最后撒上熟白芝麻即可。

烹饪小秘方

油炸让肉排快熟又鲜嫩

油炸的温度比油煎高出许多，因此要让里脊肉排快速熟透，以油炸代替油煎会更好，因为缩短了加热时间，还能保留更多肉排里的水分与肉汁，吃起来的口感也更为鲜嫩。

椒盐鸡腿

材料

鸡腿	2只
葱花	20克
食用油	适量

调料

A

酱油	1大匙
米酒	1小匙

B

椒盐粉	1小匙

做法

1. 将鸡腿洗净沥干，剖开去除骨头，再以刀在鸡腿肉内面交叉轻剁几刀，将筋剁断、肉剁松，放入大碗中，加入调料A抓匀备用。

2. 热锅，倒入2碗油烧热至160℃，放入鸡腿肉以中火炸6分钟至表皮香脆，捞出沥干后切片装入盘中。

3. 将椒盐粉和葱花均匀撒在鸡肉上即可。

烹饪小秘方

去骨剁松让鸡腿快熟

鸡腿较厚实，总是需要较长的时间来烹调，如果要快速熟透，首先应该将鸡腿切开，把骨头去除之后就能成为略呈片状的腿肉，接着再以刀尖稍微剁几下，把鸡腿中的筋切断，如此一来就能更容易入味与熟透，且肉质也能维持软嫩不缩。

鱼香茄子

材料

茄子	2 个
猪肉馅	200克
蒜	2瓣
红辣椒	1/2个
葱	1根
食用油	适量

调料

鸡精	1小匙
酱油	1小匙
香油	1小匙
白糖	1小匙
油	2大匙
盐	少许
胡椒粉	少许
水	100毫升

做法

1. 茄子洗净，先将蒂头部分切除，再切成段状，擦干水分，放入油温190℃的油锅里炸软，捞起滤油，备用。

2. 将红辣椒、蒜、葱都洗净切成片，备用。

3. 起一个平底锅，倒入适量油，先将猪肉馅爆香，再加入红辣椒片、蒜片、葱片炒香。

4. 加入所有的调料一起烩煮，最后加入茄子以中火煮3分钟即可。

烹饪小秘方

让茄子漂亮又入味的快熟秘诀

茄子不耐久煮，否则颜色会变黑，口感也会变差，最好的烹调方式就是先油炸让颜色固定，等其他材料煮出味道，最后再加入茄子稍微煮一下即可。

开阳白菜

材料
大白菜　　600克
虾米　　　20克
姜末　　　5克
食用油　　适量

调料
高汤　　　50毫升
盐　　　　1/2匙
白糖　　　1/4匙
水淀粉　　2小匙
香油　　　1小匙

做法
① 大白菜洗净沥干切块，放入滚水中氽烫至变软，捞出沥干备用。
② 虾米以开水浸泡2分钟后，洗净拧干备用。
③ 热锅，倒入少许油烧热，放入姜末及虾米以小火炒香，加入大白菜及高汤、盐、白糖，以中火续煮2分钟，最后以水淀粉勾芡，淋上香油即可。

烹饪小秘方

硬菜梗快熟的绝招
　　青菜大多大火快炒几下就好，但是遇到有大片硬梗的蔬菜比如大白菜、圆白菜，可就要花上较长的时间才能煮到软。想要更快软化这些难熟的硬梗，只要在下锅炒之前先将其稍微氽烫一下，烫过的余温可以让菜梗很快软化，烫好捞出的时候记得多沥一下水分，才不会淡化味道或者让炒的时候产生油爆。

肉酱烧豆腐

材料

肉酱罐头	1罐
盒装豆腐	1盒
葱花	20克

调料

水	2大匙
水淀粉	1小匙
香油	1小匙

做法

① 豆腐取出，稍微冲洗后切成小块备用。

② 热锅，倒入肉酱，以小火炒出香味，加入水与豆腐煮匀，最后以水淀粉勾芡并淋上香油、撒上葱花即可。

烹饪小秘方

勾芡让材料更快入味

　　遇到不容易吸收汤汁的材料比如豆腐，总是越煮酱汁越咸，豆腐吃起来却还是淡淡的，这时候与其花更长时间小火慢煮，不如稍微勾点薄薄的芡汁，当汤汁较浓稠的时候就能包覆在豆腐上，让豆腐和汤汁融合在一起，味道更好。

脆皮炸丝瓜

材料

丝瓜　　　1条（约500克）
酥脆粉　　1碗
食用油　　适量

调料

椒盐粉　　2小匙

做法

① 丝瓜以刀刮去表面粗皮，洗净后对剖成4瓣，去籽后切小段备用。

② 酥脆粉放入碗中，加入约1碗水调成浆状，放入丝瓜均匀沾裹备用。

③ 热锅，倒入500毫升油烧热至150℃，放入丝瓜以中火炸3分钟至表面酥脆金黄，捞起沥干油分，盛入盘中，食用时沾椒盐粉即可。

烹饪小秘方

裹衣酥炸的快速美味

　　将食材直接下锅炸，乍看之下好像比沾裹粉浆或面浆外衣去炸来得简单，事实上却是比较难以掌握的做法。食物直接接触炸油容易失去水分，让表面产生硬皮，直接油炸时的油温也不好拿捏，反而容易弄巧成拙。简单地沾上一些粉，或是用现成的酥炸粉加水调成浆，其实并不花多少时间，却能让油炸时间更好判断，也让菜肴更好看、好吃。

豆干肉丝

📋 材料

豆干　　　120克
猪肉丝　　 40克
红辣椒丝　 8克
葱丝　　　 2根
食用油　　 1大匙

📋 调料

酱油　　　2大匙
白糖　　　1小匙
水　　　　30毫升
香油　　　1小匙

🍴 做法

❶ 豆干洗净切丝，备用。

❷ 热锅，倒入1大匙油烧热，放入葱丝及红辣椒丝，以小火爆香，加入猪肉丝快速炒散，再加入豆干丝及酱油、白糖、水，以中小火炒2分钟至水分收干，最后淋上香油即可。

烹饪小秘方

材料形状一致更快熟

　　将材料处理成相同的形状，可以让所有材料在锅中受热的程度相同，如此一来可以帮助辛香材料释放香味与主材料吸收香味的步调一致，让味道更快速地融合，节省烹调的时间。

家常豆腐

材料

老豆腐	2块
葱段	10克
蒜片	20克
红辣椒段	20克
香菇	2朵
笋片	10克
五花肉片	10克
食用油	适量

调料

A

辣椒酱	1大匙
酱油	1小匙
白糖	1小匙
高汤	200毫升

B

水淀粉	1小匙
香油	1小匙
辣油	1小匙

做法

1. 老豆腐洗净、切长块，放入油温为150℃的油锅内，炸至金黄色后捞起、沥油备用。
2. 香菇泡水至软、洗净切片，备用。
3. 热锅，加入适量油，放入葱段、蒜片、红辣椒段炒香，再加入笋片、五花肉片、炸豆腐、香菇片及所有调料A拌匀，转小火焖煮2~3分钟。
4. 加入水淀粉勾芡，起锅前再加入香油及辣油拌匀即可。

烹饪小秘方

油炸让豆腐快速散发豆香

豆腐直接吃味道比较清爽，一旦经过油炸，就能散发出浓郁的豆香，油炸过后的豆腐如果再经过短时间的焖煮，让豆香与酱香结合，味道更加诱人。

酸白菜炒肉片

材料
酸白菜片	250克
熟五花肉片	250克
蒜片	10克
红辣椒片	10克
葱段	15克
食用油	2大匙

调料
盐	少许
酱油	1小匙
白糖	1/4小匙
鸡精	1/4小匙
陈醋	1/2大匙

做法
1. 酸白菜片略洗一下马上捞出，备用。
2. 热锅，倒入食用油，放入蒜片、葱段、红辣椒片爆香，再放入熟五花肉片拌炒。
3. 续放入酸白菜片略炒，再放入所有调料拌炒均匀即可。

烹饪小秘方

酸白菜让肉片更美味

酸白菜的酸味可以让肉片更鲜嫩，同时让肉片带有淡淡的酸香味，熟化过的酸白菜也不需要花长时间烹煮，只要事先洗掉过多的酸味即可，又不需担心蔬菜的保存期限较短，非常方便。

干煸四季豆

材料
四季豆 350克
蒜 3瓣
豆干 3块
猪肉馅 180克
葱 1根
食用油 适量

调料
豆瓣酱 2大匙
白胡椒粉 1大匙
香油 1小匙
白糖 1小匙
水 50毫升

做法
1. 先将四季豆去老梗去丝，对切泡水洗净，再使用餐巾纸将四季豆的水分吸干，备用。
2. 蒜切粗丁，豆干、葱均洗净切条状，备用。
3. 热油锅至油温为180~190℃时，放入四季豆过油上色，再放入滚水中快速汆烫过水，备用。
4. 起一个炒锅，倒入适量油，放入蒜丁、豆干、葱和猪肉馅以大火爆香，再加入四季豆及所有调料一起翻炒均匀即可。

烹饪小秘方

干煸四季豆快速又健康的秘诀
　　先将四季豆油炸脱水，再汆烫去掉多余的油分，既可以缩短烹调时间又不影响干煸四季豆的特殊口感，不但快速也更健康。

茄汁豆泡

材料
豆泡	4片
洋葱	1/4个
蒜末	2小匙
香菜	适量
食用油	适量

调料
番茄汁	60毫升
盐	1/4小匙
白糖	2大匙
白醋	2大匙
水	300毫升
水淀粉	适量

做法
1. 豆泡切成大片状；洋葱洗净去皮切丝，备用。
2. 热锅，倒入适量油，待油温烧热至150℃时，放入豆泡片炸至金黄酥脆后，捞出沥油备用。
3. 锅中留少许油，放入洋葱丝、蒜末爆香后，加入所有调料炒至汤汁沸腾。
4. 再加入豆泡片，转中火烧至豆包膨胀且入味后，以水淀粉勾芡并加入香菜即可。

烹饪小秘方

油炸一下可让豆泡更快入味
豆泡先经过油炸处理，除了可以去除油臭味、提高香气，最重要的是油炸过后的豆泡更容易吸收酱汁，缩短入味的时间。

油焖苦瓜

材料

白苦瓜	600克
福菜	30克
姜片	10克
红辣椒丝	30克
食用油	适量

调料

A

酱油	1大匙
白糖	1/2小匙
盐	少许
米酒	1小匙

B

水	200毫升

做法

① 白苦瓜洗净去头尾，剖开去籽后切大块；福菜洗净切小段，备用。

② 将白苦瓜块放入热油锅略炸，捞出沥油。

③ 取锅烧热后倒入适量油，加入姜片爆至微香，放入苦瓜块、福菜段、红辣椒丝及所有调料拌炒均匀，倒入水以小火焖煮入味即可。

烹饪小秘方

苦瓜清香爽口的秘诀

许多蔬菜都会在下锅之前先烫过，但这道苦瓜应该选择以油炸的方式杀青，才能清香爽口，同时也能让肉质较厚的苦瓜更快熟透。

辣味剑笋

材料
剑笋　　　300克
猪肉馅　　100克
蒜末　　　10克
红辣椒片　5克
食用油　　2大匙

调料
A
盐　　　　少许
糖　　　　少许
米酒　　　1小匙
鸡精　　　1/4小匙
B
辣豆瓣酱　2大匙
水淀粉　　少许

做法
① 剑笋洗净，放入沸水中氽烫捞出备用。
② 取锅烧热后倒入2大匙油，加入蒜末爆香，放入猪肉馅炒散，续加入辣豆瓣酱炒香，再放入红辣椒片、调料A及烫过的剑笋与少许水，一同拌炒入味，最后加入水淀粉勾芡即可。

烹饪小秘方

箭笋清脆入味的秘诀

箭笋吃起来要脆，就必须先氽烫过，此外要先将肉馅和辣豆瓣酱炒香再下箭笋，否则剑笋出了水就无法快速炒出香味。

鱼香烘蛋

材料

鸡蛋	7个
猪肉馅	60克
荸荠	35克
葱花	10克
蒜末	10克
姜末	5克
食用油	适量

调料

红辣椒酱	2大匙
酱油	1小匙
白糖	2小匙
水淀粉	1大匙
水	150毫升

做法

1. 荸荠洗净，去皮后切碎；鸡蛋打入碗中搅散；备用。

2. 热锅倒入100毫升油，以中小火加热至200℃（稍微冒烟），关火用勺子舀出一勺热油备用，再将蛋液倒入锅中，将备用的热油倒入蛋中央，让蛋瞬间膨涨，开小火以煎烤的方式将蛋煎至两面金黄后装盘。

3. 将锅中余油继续加热，放入蒜末及姜末小火爆香，加入猪肉馅炒至颜色变白散开，再加入红辣椒酱略炒均匀。

4. 最后加入荸荠碎、葱花、酱油、白糖及水翻炒至滚，以水淀粉勾芡后，淋在煎蛋上即可。

烹饪小秘方

热油让烘蛋快速蓬松

烘蛋的特色在于蓬松的口感，油要足、要热才能让蛋汁快速蓬松，才不会变成一般的煎蛋，在蛋汁中央淋上热油则能让锅中的蛋汁全面受热，蓬松得更均匀。

水晶苍蝇头

材料

皮蛋	2个
猪肉馅	50克
红辣椒	1个
豆豉	5克
韭菜花	150克
食用油	适量

调料

盐	1/4小匙
鸡精	1/2小匙
白糖	1/2小匙
香油	1小匙

做法

1. 皮蛋去壳后，剥下蛋清的部分切小丁状，蛋黄不用；红辣椒洗净切末；豆豉洗后沥干；韭菜花洗净沥干后切小丁状备用。

2. 取锅，倒入1大匙油烧热，以小火爆香红辣椒末和豆豉后，加入猪肉馅炒至散开。

3. 续加入盐、鸡精、白糖和皮蛋丁，以中火炒至水分略干后，加入韭菜花丁大火快炒5秒后，洒上香油即可。

烹饪小秘方

皮蛋清入菜的快手创意

材料的选择与处理几乎决定了菜肴后续烹煮所需要的时间长短，所以熟材料就是做菜快速的秘密武器，搭配水晶状的皮蛋清来制作苍蝇头，不但可以更快，在口感和视觉上都是很棒的享受。

蚂蚁上树

材料

粉丝	3把
猪肉馅	150克
葱末	20克
红辣椒末	10克
蒜末	10克
食用油	适量

调料

A

辣豆瓣酱	1.5大匙
酱油	1小匙

B

鸡精	1/2小匙
盐	少许
白胡椒粉	少许
水	100毫升

做法

1. 粉条放入滚水中氽烫至稍软后，捞起沥干，备用。

2. 热锅，放入2大匙油，爆香蒜末，再放入猪肉馅炒散后，加入调料A炒香。

3. 续加入粉丝、调料B炒至入味，起锅前撒上葱末、红辣椒末，拌炒均匀即可。

烹饪小秘方

控制水量缩短烹煮时间

　　粉条下锅后需要搭配一点水才能炒均匀，但是加的分量必须掌握好，加水过量的话，粉条吸收过多水，口感就会失去弹性，而且也要烧煮更多时间才能将这些水分收干。

雪里红炒肉末

材料

雪里红	200克
猪肉馅	150克
蒜末	10克
姜末	10克
红辣椒	1个

调料

盐	少许
鸡精	1/4小匙
白糖	1/2小匙
香油	少许

做法

1. 雪里红洗净切细丁；红辣椒洗净切小丁，备用。

2. 热锅，倒入2大匙油烧热，放入姜末、蒜末爆香，放入猪肉馅炒散，炒至颜色变白。

3. 续放入雪里红丁、红辣椒丁拌炒1分钟，再加入所有调料拌炒入味即可。

烹饪小秘方

热油快炒的肉更香

使用肉馅最大的好处除了快熟之外，还能快速地炒出肉香味，这也是做菜时常用的秘诀，以稍微多一点的热油快速翻炒，续炒至肉末稍微变干时再加入其他材料味道最好。

土豆炒肉末

材料

猪肉馅	120克
土豆	2个
蒜末	10克
葱末	10克
红辣椒	1个
食用油	适量

调料

A

盐	1/2小匙
鸡精	1/2小匙
酱油	1/2大匙
米酒	1/2大匙

B

白胡椒粉	少许

C

高汤	80毫升

做法

1. 土豆去皮洗净切丝后泡水；红辣椒洗净切丝，备用。
2. 热一锅，放入2大匙油，加入蒜末、葱末爆香后，放入猪肉馅炒散。
3. 再加入红辣椒丝、土豆丝拌炒一下，加入高汤炒至土豆丝稍软。
4. 续加入调料A炒至入味，最后加入调料B拌炒一下即可。

烹饪小秘方

切丝的土豆快熟又美味

大多时候土豆都用来炖煮，因为大块的土豆在炖煮之后具有绵密松软的口感。土豆其实切丝之后加肉末简单炒一下，其口感就会很不一样，香香脆脆的非常爽口下饭。

笋丝卤爌肉

📋 材料

竹笋	200克
五花肉	280克
福菜	30克
蒜	3瓣
姜	10克
葱	1根
食用油	适量

🍶 调料

酱油	100毫升
盐	少许
白胡椒粉	少许
水	800毫升
冰糖	1大匙
八角	2粒
丁香	2粒
甘草	5片

📝 做法

① 五花肉洗净切小块，放入滚水中氽烫3分钟备用。

② 将竹笋洗净切块；福菜洗净切小段，事先以冷水浸泡去咸味；蒜、姜洗净切片；葱洗净切段，备用。

③ 取汤锅，加入1大匙油，放入蒜片、姜片、葱段以中火爆香，接着放入竹笋块、福菜炒香。

④ 续加入五花肉块与所有调料，以中火炖煮25分钟即可。

烹饪小秘方

卤肉类一定要先氽烫或者过油略炸后再卤，这样肉中的血水不会渗入卤汁中，卤汁就不会混浊变味。此外，福菜最好浸泡30分钟以上才不会太咸，建议提早处理可加快做菜速度。

家常卤味拼盘

材料

豆干	6块
海带	3块
三角油豆腐	6块
葱花	20克
辣椒圈	15克
香菜	适量
肉臊卤汁	1锅

调料

酱油	1大匙
白糖	1/2小匙
香油	少许

做法

1. 豆干、三角油豆腐、海带洗净备用。
2. 肉臊卤汁加入豆干、三角油豆腐、海带煮至沸腾，转小火卤15分钟至入味。
3. 取出卤好的食材，切成适当大小放入盘中，加入葱花、辣椒圈、香菜，最后淋上混合均匀的淋酱即可。

烹饪小秘方 家常卤味也可以在做卤汁的时候就放入一起卤，但是建议以少量较好，如果大量就不适合一起炖卤，一时吃不完放在卤汁中，食材味道会互相影响，所以量多最好分锅卤。

肉末炒豆干丁

材料

肉馅	100克
豆干丁	200克
蒜末	5克
洋葱末	10克
辣椒末	10克
肉臊卤汁	60毫升
食用油	适量

调料

A

盐	少许
鸡精	少许
米酒	1/2小匙
胡椒粉	1/4小匙

B

咖喱粉	5克

做法

① 热锅，倒入1大匙油，放入蒜末、洋葱末、辣椒末爆香，备用。

② 加入肉馅炒散且颜色变白后，放入豆干丁炒1分钟，加入咖喱粉炒香。

③ 再加入肉臊卤汁与所有调料A炒至入味，且汤汁收干即可。

白菜卤

材料
白菜200克，鲜香菇2朵，胡萝卜30克，黑木耳1片，香菜1根，虾米1大匙

调料
酱油1小匙，香油1小匙，盐少许，白胡椒粉少许，鸡精1小匙

做法
1. 白菜切块、泡水洗净；鲜香菇洗净切片；黑木耳、胡萝卜洗净切丝；香菜洗净切碎；虾米泡水至软，备用。
2. 取蒸锅，放入做法1所有材料与所有调料，以耐热保鲜膜封口。
3. 将做法2的材料放入蒸锅中，蒸20分钟即可。

腐乳烧肉

材料
五花肉250克，蒜3瓣，姜20克，洋葱1/3个，食用油1大匙

调料
豆腐乳2块，酱油1大匙，米酒1大匙，香油1小匙，水适量

做法
1. 将五花肉切小条，放入滚水中汆烫过水，捞出备用。
2. 蒜、姜洗净切碎；洋葱洗净切片；所有调料调匀成酱汁，备用。
3. 热锅，加入1大匙油，放入五花肉，以中火将五花肉的油质煸出，再将多余的油倒出，接着加入蒜碎、姜碎以及洋葱片一起翻炒均匀。
4. 再加入酱汁，以中火烩煮至收汁即可。

照烧鸡腿

材料
去骨鸡腿1只，姜20克，洋葱1/2个，香菇2朵

调料
照烧酱50毫升，水50毫升

做法
1. 取鸡腿洗净，使用厨房用纸巾吸干表面水分，备用。
2. 姜、香菇、洋葱皆洗净切片，备用。
3. 热一平底不粘锅，放入鸡腿，以中小火煎至两面上色，接着将鸡腿肉逼出来的油倒掉。
4. 加入姜片、香菇片、洋葱片翻炒均匀，再加入所有调料，转中火将汤汁缩至略干即可。

三杯杏鲍菇

材料
杏鲍菇180克，蒜5瓣，姜30克，罗勒2根

调料
A 麻油1大匙
B 酱油2大匙，米酒1大匙，水适量，盐少许，白胡椒粉少许

做法
1. 取杏鲍菇洗净，切滚刀块；所有调料B调成酱汁，备用。
2. 姜切片；蒜、罗勒洗净，备用。
3. 热锅，加入麻油，放入姜片、蒜，以中小火煸香。
4. 加入杏鲍菇块，继续以中火将杏鲍菇炒至上色，接着加入酱汁煮至收汁，最后加入罗勒炒匀即可。

香葱肉燥炒牛肉

🍴 材料

牛肉	200克
四季豆	5根
西蓝花	180克
圣女果	5颗
食用油	适量

🥄 调料

香葱肉燥	3大匙
盐	少许
白胡椒粉	少许

🍲 做法

1. 将牛肉洗净，再切成小块备用。

2. 将四季豆去筋去蒂洗净切斜刀；圣女果洗净对切；西蓝花洗净修成小朵状备用。

3. 热锅，加入1大匙油，加入切好的牛肉块以大火爆香。

4. 再加入切好的四季豆、圣女果和西蓝花以中火爆香，最后加入香葱肉燥和其余的调料翻炒均匀即可。

烹饪小秘方

香葱肉燥

材料：猪肉馅200克，洋葱1/2个，蒜5瓣，红葱头5个，辣椒1个，葱2根，食用油1大匙，酱油2大匙，白糖1大匙，酱油1大匙，香油1小匙，辣豆瓣1大匙，水50毫升

做法：

1. 洋葱洗净切碎；蒜、红葱头、辣椒洗净切片；葱洗净切碎备用。

2. 热锅加入1大匙油，加入洋葱碎、蒜片、红葱头片爆香。

3. 再放入猪肉馅炒香后，加入所有调料煮开，转小火继续煮10分钟。

4. 最后再撒上辣椒片和葱碎即可。

寿喜酱炒芦笋

材料
牛肉薄片	100克
芦笋	100克
红甜椒	1/3个
黄甜椒	1/3个
色拉油	少许

调料
寿喜烧酱汁	50克
蚝油	10克
白醋	10毫升
七味粉	少许
盐	少许

做法
1. 取锅加水煮至滚沸，先加入盐，再将芦笋放入氽烫至翠绿色，捞起泡入冷水中放至冷却，再捞起沥干水份，并切成段状备用。
2. 牛肉薄片对半切成长片状；红甜椒和黄甜椒洗净沥干水份，切成粗长条片状备用。
3. 取平底锅，倒入少许油烧热，放入牛肉薄片，煎至肉片略变色，再加入寿喜烧酱汁、蚝油和白醋拌炒至入味。
4. 续加入红、黄甜椒略拌炒，起锅前再放入做法1的芦笋段略拌炒后盛盘，并将锅中剩余的酱汁淋入，再撒上七味粉即可。

烹饪小秘方
寿喜烧酱汁
材料：
水200毫升，米酒200毫升，酱油180毫升，白糖100克
做法：
1. 将米酒倒入锅中，并以中小火煮至略滚沸后熄火，以去除酒味。
2. 将其他材料全部倒入做法1的锅中，再以小火缓缓加热。
3. 一边以汤匙搅拌均匀，直到白糖溶化后即可熄火。
4. 待做法3的混合酱汁冷却后，倒入容器中即可。

炸酱炒青菜

🍲 材料

上海青	100克
蒜	1瓣
辣椒	1/3个
鲜香菇	2朵
食用油	1大匙

🍶 调料

中式炸酱	3大匙
盐	少许
白胡椒粉	少许
香油	1小匙

🍳 做法

1. 上海青洗净，再切成段状备用。

2. 再将蒜、辣椒、鲜香菇都洗净，切成片状备用。

3. 热锅加入1大匙油，再加入做法1、做法2的所有材料，以中大火爆香。

4. 再加入中式炸酱和其余的调料翻炒均匀即可。

烹饪小秘方

如何保存美味炸酱

　　炸酱很适合用来拌面、拌饭或拌青菜，我们换点花样用来炒青菜也很对味。建议一次可以做大量炸酱，冷却后分装冷冻或冷藏保存。冷冻保存为3个月，食用时解冻或直接下锅；冷藏则可保存10~20天。

咸菠萝烧排骨

材料

咸菠萝	50克
排骨	200克
姜	20克
香菇	3朵
葱	2根
食用油	1大匙

调料

糖	1小匙
香油	1小匙
鸡精	1小匙
盐	少许
白胡椒粉	少许

做法

❶ 将咸菠萝切片；排骨洗净，放入滚水中余烫过水，备用。

❷ 姜洗净切片；香菇洗净切小块；葱洗净切小段，备用。

❸ 热一炒锅，加入1大匙食用油，放入姜片、香菇块、葱段以中火爆香。

❹ 再加入咸菠萝与排骨，续以中火翻炒均匀，接着加入所有调料，煮至汤汁略缩干即可。

腐皮蒸树子

材料
生豆腐皮3片，鸡蛋1个，树子3大匙，食用油1大匙

调料
香油适量，树子酱汁2大匙

做法
1. 生豆腐皮稍微洗净撕小块备用。
2. 将鸡蛋、树子酱汁和树子调匀，加入腐皮拌匀盛盘。
3. 封上保鲜膜，入蒸锅大火蒸10分钟，起锅淋上香油即可。

烹饪小秘方　　豆腐皮有口感又营养，但因为是黄豆制品所以比较容易坏掉。若买多了一次吃不完，可以将一次会煮的量分别用保鲜膜包起，放入冰箱冷冻保存。每次烹调前取出要用的量退冰即可。

肉臊烩鲜鱼

材料
鲑鱼50克，娃娃菜3棵，葱1根，蒜2瓣，食用油1大匙

调料
香葱肉臊3大匙，米酒2大匙，盐少许，白胡椒粉少许

做法
1. 将鲑鱼洗净，用餐巾纸吸干水分，再切成小块备用。
2. 将娃娃菜洗净切小段；葱洗净切段；蒜洗净切片备用。
3. 热锅，加入1大匙油，加入鲑鱼块，以中火煎熟。
4. 再加入娃娃菜、葱段、蒜片炒香，最后再加入香葱肉臊和其余的调料，以中火烩煮均匀即可。

老皮嫩肉

材料

嫩豆腐	1盒
姜	20克
蒜	5瓣
辣椒	1/2个
罗勒	2根
面粉	2大匙
食用油	适量

调料

麻油	1大匙
米酒	1大匙
酱油	1大匙
白糖	1小匙
鸡精	1小匙
水	适量
水淀粉	适量

做法

1. 将嫩豆腐切大块，吸干表面水分，于豆腐表面轻拍上一层面粉，备用。
2. 姜、蒜、辣椒洗净切片；罗勒洗净，备用。
3. 热一油锅，待油温至200℃时，放入豆腐，炸成表面呈金黄色，即可捞出滤干油，备用。
4. 热锅，加入麻油，放入姜片、蒜片与辣椒片，以中火爆香，接着加入所有调料煮滚。
5. 再加入炸好的豆腐，续以中火煮至收汁，起锅前加入罗勒叶增香即可。

脆笋炒肉片

材料
脆笋200克，猪梅花肉片200克，香菇片50克，辣椒丁20克，蒜末10克，蒜苗段少许，食用油适量

调料
盐1/2小匙，鸡精1/4小匙，白糖少许，陈醋少许，米酒1小匙

做法
1. 脆笋洗净泡水1小时，放入滚水中氽烫5分钟后，捞起沥干，备用。
2. 热锅，倒入食用油，放入蒜末、蒜苗段、辣椒丁爆香，加入香菇片炒香，再放入猪梅花肉片炒至颜色变白。
3. 加入脆笋炒1分钟，最后放入所有调料拌炒均匀即可。

酱冬瓜炖鸡

材料
酱冬瓜70克，鸡腿2只，姜20克，干香菇3朵

调料
鸡精1小匙，米酒1大匙，水700毫升，盐少许，白胡椒粉少许，香油1小匙

做法
1. 将酱冬瓜切小片；鸡腿洗净切小块，放入滚水中氽烫过水，备用。
2. 干香菇洗净、泡水至软；姜洗净切片，备用。
3. 取一个汤锅，放入做法1、做法2的所有材料和水，盖上锅盖，以中火煮至滚后继续煮20分钟，接着加入其他调料煮匀即可。

咖喱鸡丁

🌾 材料
鸡胸肉2块，芹菜2根，胡萝卜50克，蒜3瓣，香菜2根，食用油适量

🥄 调料
Ⓐ 咖喱粉1大匙，盐少许，白胡椒粉少许，奶油1大匙，水适量，香油1小匙
Ⓑ 水淀粉少许

📋 做法
① 将鸡胸肉洗净、切大块；香菜洗净切碎，备用。
② 胡萝卜洗净去皮、切小丁；芹菜洗净切小段；蒜洗净切片，备用。
③ 热锅，加入1大匙食用油，放入做法2所有材料，以中火爆香。
④ 再加入鸡胸肉块与所有调料A，继续以中火煮15分钟至鸡肉入味，接着以水淀粉勾薄芡，起锅前加入香菜碎即可。

蚝汁淋芥蓝

🌾 材料
芥蓝200克，猪肉片50克，蒜3瓣，辣椒1/3个，食用油1大匙

🥄 调料
Ⓐ 蚝油2大匙，香油1小匙，白糖少许，鸡精1小匙，米酒1小匙
Ⓑ 水淀粉少许

📋 做法
① 将芥蓝去蒂、去老叶洗净，放入滚水中氽烫至熟，捞出盛盘，备用。
② 猪肉片切丝；蒜、辣椒洗净切小片，备用。
③ 热锅，加入1大匙食用油，放入猪肉丝、蒜片、辣椒片以中火炒香，接着加入所有的调料A炒匀，再以水淀粉勾薄芡后即可关火。
④ 将做好的酱汁淋到芥蓝上即可。

蔬菜烩豆腐

材料

蛋豆腐1盒，鲜香菇20克，熟笋丝25克，金针菇30克，黑木耳丝25克，红甜椒丝25克，食用油适量

调料

蚝油1大匙，盐少许，白糖少许，水150毫升，水淀粉适量，陈醋少许

做法

1 蛋豆腐切块，备用。

2 热锅，加入少许食用油，放入鲜香菇丝爆香，再加入熟笋丝、金针菇、黑木耳丝、红甜椒丝拌炒。

3 于锅中加入有调料炒煮匀，再放入蛋豆腐块煮入味，起锅前以水淀粉勾芡拌匀即可（盛盘后可另放上葱丝、山茼莴装饰）。

培根炒圆白菜

材料

培根50克，圆白菜50克，蒜3瓣，葱1根，辣椒1个，食用油2大匙

调料

盐1/4小匙，鸡精1/4小匙，蚝油1小匙

做法

1 将圆白菜洗净切片，氽烫5分钟捞起沥干水分，备用。

2 培根切小片；蒜、辣椒分别洗净并沥干水分后切片；葱洗净并沥干水分后切段，备用。

3 热锅，倒入2大匙油，放入做法2的所有材料爆香后，再放入备好的圆白菜略拌炒一下，最后加入所有调料一起拌炒入味即可。

肉片寿喜烧

材料
火锅肉片170克，洋葱1/2个，葱2根，姜5克，蒜2瓣，食用油1大匙

调料
清酒100毫升，柴鱼酱油50毫升，白糖1大匙，香油1小匙，味醂30毫升，水200毫升

做法
1. 洋葱、姜、蒜洗净切片；葱洗净切段，备用。
2. 热锅，加入1大匙食用油，放入做法1所有材料以中火爆香，接着加入所有调料，继续以中火煮至滚。
3. 在锅中加入火锅肉片，以中火涮一涮至肉片熟嫩即可。

肉片四季豆卷

材料
火锅肉片100克，四季豆200克

调料
盐少许，黑胡椒粉少许，孜然粉1小匙

做法
1. 四季豆去蒂，洗净后切成7厘米长段，备用。
2. 将火锅肉片平摊，放入约4根四季豆段，卷起肉片紧紧包裹四季豆。
3. 热锅，将四季豆肉卷依序放入锅中，以小火煎至上色。
4. 起锅前在四季豆肉卷上均匀地撒上所有调料即可。

绿豆芽烩肉片

材料

绿豆芽100克，火锅肉片150克，香菜2根，胡萝卜30克，辣椒1/3个

调料

泰式甜鸡酱1大匙，香油1小匙，盐少许，黑胡椒粉少许

做法

1. 将火锅肉片洗净、放入滚水中氽烫至熟，捞出沥干水分，备用。

2. 胡萝卜、辣椒洗净切丝，香菜洗净切碎，与绿豆芽一起放入滚水中，以大火氽烫过水，再捞出沥干水分备用。

3. 取一个容器，将做法1与做法2的所有材料放入，再加入所有的调料拌匀即可。

肉酱淋生菜

材料

生菜2棵，蒜2瓣，辣椒1/3个，葱1根，猪肉馅30克，食用油1大匙

调料

蚝油1大匙，米酒1大匙，香油1小匙，白糖1小匙，水适量

做法

1. 生菜去蒂、洗净，放入滚水中氽烫至熟，备用。

2. 蒜、辣椒、葱皆洗净切碎，备用。

3. 热一炒锅，加入1大匙食用油，放入猪肉馅以中火炒至肉色变白，接着加入做法2所有材料与所有调料，续以中火翻炒均匀。

4. 将做法3炒好的肉酱淋至生菜上即可。

泰式酸辣拌肉片

🍚 材料
牛肉薄片，菠菜1根，洋葱1/2个，红辣椒1个，香菜1根，番茄1个

🥄 调料
鱼露50毫升，白醋25毫升，香油20毫升，辣油适量，白糖10克，水60毫升，姜末10克，新鲜柠檬汁10毫升

🍴 做法
1. 所有调料混合均匀即为淋酱，备用。
2. 牛肉薄片放入沸水中涮几下即捞起，沥干备用。
3. 菠菜洗净切段放入沸水中汆烫至熟，捞起沥干；洋葱去膜洗净，切丝冲冷水去辛辣；红辣椒洗净切丝；番茄洗净切片，备用。
4. 将牛肉薄片、菠菜段、洋葱丝、红辣椒丝与香菜拌匀。
5. 将番茄片先铺底，摆上做法4的材料，淋上淋酱即可。

蒜苗炒腊肉

🍚 材料
腊肉片200克，蒜苗段80克，红辣椒片10克，食用油1大匙

🥄 调料
米酒1/2大匙，白糖1/2小匙，酱油1/2小匙

🍴 做法
1. 热锅，倒入1大匙食用油，放入腊肉片炒香至油亮。
2. 加入红辣椒片、蒜苗段快炒，再加入所有调料拌炒均匀至入味即可。

烹饪小秘方

半煎半炒让腊肉更快散发香味

　　腊肉是熟的食材，用来作为材料调理时，目的是要烹调出腊肉特有的香气与口感，所以要先单炒腊肉，以半煎半炒的方式可以更快逼出香气，接下来就只要加入其他材料拌炒均匀即可。

辣炒羊肉片

材料
羊肉薄片200克，菠菜150克，红辣椒1个，蒜末10克，姜末10克，食用油适量

调料
A 沙茶酱15克
B 米酒10毫升，酱油10毫升，白糖5克，辣豆瓣酱5克

腌料
米酒少许，胡椒粉少许

做法
1 羊肉薄片加入腌料拌匀；菠菜洗净切长段；红辣椒洗净切丝；调料B混合均匀，备用。
2 热锅，倒入适量食用油，放入羊肉薄片略拌炒至散，盛起备用。
3 热油锅内，放入沙茶酱、蒜末、姜末及红辣椒丝炒香，放入菠菜段、混合均匀的调料快炒均匀后，加入羊肉薄片拌炒入味即可。

麻辣牛肉

材料
白牛肉火锅片1盒，小黄瓜1根，葱2根，姜少许，香菜1根，红辣椒1个

调料
白糖1/2小匙，盐1/2小匙，香油1大匙，辣油1.5大匙，花椒粉少许，米酒适量，八角1粒

做法
1 取一锅，煮半锅水至滚，放入1根葱、姜、米酒、八角煮5分钟，然后捞除葱、姜、八角。
2 火锅牛肉片洗去血水，放入做法1的锅中烫熟，捞出沥干水分备用。
3 将剩余的1根葱洗净切成葱花；香菜洗净切碎、红辣椒洗净切末；小黄瓜洗净切丝备用。
4 取一碗，放入牛肉片与其余所有调料拌匀，再加入葱花、香菜碎、辣椒末、小黄瓜丝拌匀即可。

猪肝炒韭菜

材料

猪肝	200克
韭菜	100克
蒜	2瓣
红辣椒	1/2个
姜丝	少许
食用油	适量

调料

沙茶酱	2大匙
白胡椒粉	1小匙
水	2小匙
白糖	1/2小匙
淀粉	适量

做法

1. 将猪肝洗净，切成片状，沾上薄薄的淀粉，放入60~70℃的热水里煮5分钟，再捞起泡入冷水中。
2. 韭菜洗净，切段状；蒜切末；辣椒洗净，切片状备用。
3. 热油锅，将姜丝、蒜末和红辣椒片入锅先爆香，再放入猪肝、韭菜段和其余所有调料以中火拌炒均匀即可。

烹饪小秘方

猪肝快熟且软嫩的秘诀

猪肝是很容易收缩的材料，烹调太久或温度过高，都容易让猪肝变老，切片后先以温水烫煮一下，可以维持猪肝的嫩度防止变硬，接下来也会更容易入味。

沙茶羊肉空心菜

材料
羊肉片　　120克
空心菜　　100克
蒜　　　　20克
辣椒　　　20克
食用油　　适量

调料
沙茶酱　　2大匙
酱油　　　1小匙
米酒　　　1大匙
白糖　　　1小匙

做法

1 空心菜洗净切段；蒜、辣椒洗净切片，备用。

2 热锅，倒入适量油，放入蒜片、辣椒片爆香。

3 放入空心菜、羊肉片及所有调料以大火炒熟即可。

烹饪小秘方

　　很多人不敢吃羊肉，因为羊肉有一股特殊的腥膻味道，而沙茶酱的风味正好可以将这股味道中和，吃起来就没那么重，即使不敢吃羊肉者也可以这样试试看。

客家小炒

材料

五花肉	100克
豆干	50克
干鱿鱼	50克
葱段	20克
蒜片	30克
红辣椒片	30克
芹菜段	50克
食用油	适量

调料

酱油	1大匙
米酒	1大匙
白糖	1小匙
盐	1/2小匙
白胡椒粉	1/2小匙
水	50毫升
香油	1小匙

做法

1. 干鱿鱼泡水至软，再剪成条状，备用。
2. 五花肉洗净切条；豆干洗净切片，备用。
3. 热锅，加入适量油，放入芹菜段、葱段、蒜片、红辣椒片炒香，再加入鱿鱼段、五花肉条、豆干片及所有调料快炒均匀即可。

烹饪小秘方

大火快速收干汤汁

当调味酱汁和材料没有充分结合在一起，调味酱汁都在盘底时，菜吃起来当然不够味。拌炒的最后不要忘记以大火快炒收干汤汁，让材料能更完整地吸收调味酱汁，也能让菜快熟又够味。

泰式打抛肉

材料

猪肉馅150克，蒜5瓣，辣椒1个，柠檬草1根，葱1根，香菜2根，食用油1大匙

调料

泰式打抛酱2大匙，盐少许，白胡椒粉少许

做法

1. 蒜、辣椒、葱、香菜皆洗净切碎；柠檬草洗净切大段，备用。
2. 热锅，加入1大匙油，放入猪肉馅以中火炒至肉色变白，接着加入做法1所有材料炒香。
3. 再加入所有调料炒匀即可。

清蒸瓜仔肉

材料

瓜仔肉1瓶（约270克），猪肉馅200克，蒜3瓣，辣椒1/3个，葱2根，鸡蛋1个（取蛋清）

调料

淀粉1小匙，盐少许，白胡椒粉少许，香油1小匙

做法

1. 将瓜仔肉去除汤汁；蒜、辣椒、葱皆洗净切碎，备用。
2. 取一蒸碗，先放入鸡蛋清、瓜仔肉、蒜碎、辣椒碎、葱碎与所有调料搅拌均匀，接着放入猪肉馅拌匀，再包覆耐热保鲜膜。
3. 放入电饭锅中，蒸约20分钟即可。

肉馅时蔬

材料
猪肉馅120克，上海青3棵，蒜3瓣，辣椒1/3个，姜5克，胡萝卜15克，食用油1大匙

调料
酱油1大匙，香油1小匙，水适量，辣豆瓣1小匙

做法
1. 上海青去蒂、洗净，放入滚水中汆烫至熟，备用。
2. 蒜、辣椒、姜、胡萝卜皆洗净切成片状，备用。
3. 热锅，加入1大匙食用油，放入猪肉馅，以中火炒至肉色变白，接着加入做法2所有材料与所有调料，继续以中火烩煮2分钟至稠状关火。
4. 上海青放入盘中，再将炒好的肉酱淋在上海青上面即可。

玉米炒肉末

材料
玉米粒(罐头)150克，猪肉馅100克，葱30克，红甜椒30克，食用油适量

调料
盐1/2小匙，白糖1小匙，鸡精1/2小匙，米酒1大匙

做法
1. 葱、红甜椒洗净切小丁备用。
2. 热锅，倒入适量油，放入葱丁和红甜椒丁爆香。
3. 加入猪肉馅炒至变白，再加入玉米粒及所有调料炒匀即可。

肉丸子烩彩蔬

材料
猪肉馅300克，杏鲍菇30克，芥菜心60克，胡萝卜20克，葱20克，姜20克

调料
水200毫升，盐1小匙，鸡精1小匙，米酒、白糖各1大匙，香油少许，白胡椒粉1/2小匙，水淀粉2大匙

腌料
酱油1/2小匙，米酒1/2小匙，淀粉1/2小匙，白胡椒粉1/2小匙

做法
① 杏鲍菇、芥菜心、胡萝卜、姜均洗净切菱形片，放入沸水中汆烫备用。
② 猪肉馅加入所有腌料拌匀捏成小颗丸子，放入沸水中烫至定型备用。
③ 取锅放入所有调料煮沸，加入做法1的材料及肉丸拌匀，加入水淀粉勾芡即可。

什锦菇羊肉片

材料
杏鲍菇30克，鲜香菇30克，秀珍菇30克，蟹味菇30克，金针菇30克，羊肉片100克，姜10克，辣椒10克，葱20克

调料
盐1/2小匙，白糖1小匙，酱油1小匙，米酒1大匙，香油1小匙，白胡椒粉1/2小匙

做法
① 杏鲍菇、鲜香菇、秀珍菇、蟹味菇均洗净切小块；金针菇洗净分切成小把，备用。
② 葱洗净切葱花；姜洗净切丝；辣椒洗净切小片，备用。
③ 热锅，倒入适量油，放入姜丝、辣椒片爆香，再放入做法1的所有菇类炒匀。
④ 加入羊肉片及所有调料炒至熟，撒入葱花即可。

树子蒸肉

材料
树子30克,猪肉馅200克,荸荠肉80克,葱40克,姜30克,辣椒末10克

调料
酱油1小匙,米酒1小匙,香油1小匙,淀粉1小匙,白胡椒粉1/2小匙

做法
1. 荸荠肉、葱及姜均洗净切末,与猪肉馅、所有调料混合捏成饼状。
2. 将树子、辣椒末倒在肉饼上备用。
3. 将肉饼放入蒸锅中蒸12分钟即可。

炒牛肉松夹生菜

材料
牛肉馅300克,生菜叶片适量,胡萝卜20克,荸荠肉80克,芹菜30克,香菇20克,葱20克,姜20克,食用油适量

调料
酱油1大匙,鸡精1小匙,米酒1大匙,香油1小匙,白糖1小匙,白胡椒粉1小匙,水淀粉1小匙

做法
1. 胡萝卜、荸荠肉、芹菜、香菇、葱、姜均洗净切成末;生菜叶片洗净剪成碗大小的圆片状,备用。
2. 热锅,倒入适量油,放入香菇末、葱末及姜末爆香。
3. 加入牛肉馅炒至变白,再加入胡萝卜、荸荠、芹菜末及除水淀粉外的调料炒匀,以水淀粉勾芡,用生菜叶片包起食用即可。

寿喜霜降肉片

▦ 材料

猪颈肉	200克
生菜	适量
姜泥	10克
食用油	适量

▣ 调料

寿喜烧酱汁	100克
（做法参考50页）	
淀粉	适量
盐	少许
胡椒粉	少许

▤ 做法

❶ 将生菜洗净沥干备用。

❷ 猪颈肉撒上少许盐和胡椒粉，再沾上少许淀粉备用。

❸ 取一平底锅烧热，倒入适量油，放入猪颈肉，煎至肉片略变色，再加入寿喜烧酱汁及姜泥，略拌炒均匀即可。

❹ 食用时，可取生菜叶包裹着肉片一起食用。

烹饪小秘方　　油脂分布均匀的猪颈肉，位于猪两侧的肩胛骨上，呈三角形，重约六两，所以又称为黄金六两或是翅仔肉。现在许多超市都有销售，而且分别有着霜降肩胛猪肉或猪颈肉等不同的称呼。

肉馅炒三丁

材料
猪肉馅120克，青椒1个，番茄1个，黑木耳2朵，蒜末10克，食用油2大匙

调料
盐1/2小匙，白糖1/3小匙，鸡精1/2小匙，番茄酱1大匙

做法
① 青椒、黑木耳洗净切丁备用。

② 番茄洗净，尾部划十字刀，放入沸水中氽烫去皮后，去籽切丁备用。

③ 热锅，放入2大匙油，加入蒜末爆香后，放入猪肉馅炒至肉色变白。

④ 再加入青椒丁、黑木耳丁及番茄丁拌炒至熟后，加入所有调料调味即可。

椒盐脆丸

材料
Ⓐ 猪肉馅300克，荸荠100克，葱30克，姜30克
Ⓑ 葱20克，蒜10克，辣椒10克

调料
Ⓐ 酱油1小匙，米酒1小匙，香油1小匙，淀粉1小匙，白胡椒粉1小匙
Ⓑ 胡椒盐适量

做法
① 材料A的荸荠肉、葱及姜洗净切末，与猪肉馅、所有调料A混合捏成小丸子备用；材料B皆洗净切末，备用。

② 热锅，倒入稍多的油（材料外），放入小丸子炸至定型，取出备用。

③ 锅中留少许油，放入做法1的材料加调料B爆香，再放入小丸子炒匀，撒上胡椒盐即可。

宫保鸡丁

材料
鸡胸肉2片，洋葱1/2个，蒜3瓣，辣椒1个，葱2根，食用油1大匙

调料
干辣椒5个，花椒1小匙，辣油1小匙，香油1小匙，鸡精1小匙，盐少许，白胡椒粉少许

做法
1. 取鸡胸肉洗净，切小丁，备用。
2. 洋葱洗净切块；蒜、辣椒洗净切片；葱洗净切小段，备用。
3. 热锅，加入1大匙食用油，放入干辣椒与花椒，以小火煸香。
4. 加入鸡肉丁，转中火炒至肉色变白，接着加入做法2所有材料与所有调料翻炒均匀即可。

芹菜炒鸭肠

材料
芹菜3根，鸭肠200克，蒜3瓣，辣椒1/3个，葱1根，食用油1大匙

调料
黄豆酱1大匙，酱油1小匙，盐少许，白胡椒粉少许，香油1小匙，鸡精少许

做法
1. 取鸭肠洗净、切小段，备用。
2. 芹菜、葱洗净切段；蒜、辣椒洗净切片，备用。
3. 热锅，加入1大匙食用油，放入鸭肠，以大火快炒，接着加入做法2所有材料与所有调料炒匀即可。

麻婆豆腐

🍱 材料

豆腐	1块
猪肉馅	100克
葱	2根
蒜末	1大匙

🥄 调料

Ⓐ

盐	1小匙
白糖	2小匙
鸡精	2小匙
辣椒酱	2大匙
水	240毫升
香油	适量

Ⓑ

花椒粉	2小匙
水淀粉	适量

🍳 做法

❶ 豆腐切小丁后，放入沸水中汆烫去除豆涩味；葱洗净切葱花，备用。

❷ 热锅倒入适量油，放入花椒粉、猪肉馅、蒜末爆香。

❸ 加入所有调料A以大火炒至沸腾，转小火，加入豆腐丁煮至豆腐略为膨涨，以水淀粉勾芡，再淋上香油并加入葱花拌匀即可。

烹饪小秘方

熟豆制品入味即可

　　豆类制品比如豆腐、豆皮、豆泡、豆干，都已经是熟的食材，所以在烹调中只需要让豆制品入味即可，搭配浓郁的酱汁大火烧煮再稍微勾芡，立刻就能完成。

肉酱炒圆白菜

材料
猪肉酱罐头1瓶，圆白菜200克，蒜3瓣，辣椒1/3个，食用油1大匙

调料
香油1小匙，鸡精少许，盐少许，白胡椒粉少许，水适量

做法
1. 圆白菜洗净、切小块；蒜、辣椒洗净切片，备用。
2. 热锅，加入1大匙食用油，放入蒜片、辣椒片，以大火爆香。
3. 加入猪肉酱罐头与圆白菜块，续以大火翻炒均匀，最后再加入所有调料炒匀即可。

绿豆芽炒肉丝

材料
猪肉丝200克，绿豆芽300克，蒜末1/2茶匙，姜丝20克，青椒丝20克，食用油适量

调料
A 盐1/2茶匙，米酒1茶匙
B 水淀粉适量

腌料
盐1/2茶匙，淀粉1茶匙，米酒1/2茶匙，胡椒粉1/4茶匙，白糖少许

做法
1. 将猪肉丝加入所有的腌料拌匀，静置10分钟。
2. 绿豆芽洗净，摘去头尾，沥干备用。
3. 取锅烧热后，加入1大匙油，放入腌好的猪肉丝，以大火炒至肉色变白盛出。
4. 于锅中放入所有辛香料与沥干的绿豆芽、青椒丝，再放入调料A和猪肉丝，最后用水淀粉勾芡即可。

小黄瓜炒猪肝

材料
黄瓜	2根
猪肝	200克
蒜末	1/2茶匙
红辣椒	1/4个

调料
淀粉	1.5茶匙
盐	1/2茶匙
水	50毫升
酱油	1茶匙
白糖	1/2茶匙
胡椒粉	1/2茶匙

做法
1. 将猪肝切0.5厘米厚片，冲水去血污后沥干；黄瓜洗净切斜片，红辣椒洗净切片，备用。
2. 将猪肝入锅汆烫后取出，趁热与淀粉拌匀。
3. 取锅烧热后，加入半锅油烧热至180℃，放入烫好裹粉的猪肝，以小火炸1分钟后捞出，并将油倒出。
4. 重新热锅，放入所有蒜末和红辣椒片、黄瓜片与盐，以大火炒1分钟。
5. 放入略炸过的猪肝及剩余的调料，快炒2分钟即可。

烹饪小秘方

炸猪肝前需要先抹上淀粉，是为了让过油时，猪肝能保持滑嫩，漏掉这个步骤将会大大影响成菜口感，千万别省略。

五更肠旺

🍱 材料

熟肥肠	1条
鸭血	1块
酸菜	30克
蒜苗	1根
姜	5克
蒜	2瓣
食用油	2大匙

🍶 调料

红辣椒酱	2大匙
高汤	200毫升
白糖	1/2小匙
白醋	1小匙
香油	1小匙
水淀粉	1小匙
花椒	1/2小匙

🍳 做法

① 鸭血洗净切菱形块，熟肥肠切斜片，酸菜切片，一起放入滚水中汆烫，捞出沥干备用。

② 蒜苗洗净切段；姜及蒜洗净切片备用。

③ 热锅，倒入2大匙食用油烧热，放入姜片、蒜片小火爆香，加入红辣椒酱及花椒，以小火炒至油变成红色且有香味，再加入高汤煮滚。

④ 加入汆烫好的所有材料和白糖、白醋，再次煮滚后转小火继续煮1分钟，以水淀粉勾芡，淋入香油、撒上蒜苗段即可。

烹饪小秘方

使用熟肠省去麻烦的处理

　　五更肠旺是很多人的最爱，但是一想到要费力清洗生肥肠就令人望而却步，要是因为这样就放弃，可就错失了大啖美食的好机会。其实在传统市场或超市的熟食区都能买到处理好的熟肠，这么一来只要稍加烹调，立刻就能上桌。

泡菜炒肉片

材料

猪肉片	200克
泡菜	150克
洋葱丝	20克
葱段	15克
韭菜段	15克

调料

糖	1/4小匙
盐	少许
鸡精	少许
米酒	1/2大匙

做法

① 热锅，加入2大匙食用油，爆香葱段、洋葱丝，再放入猪肉片炒至颜色变白。

② 再放入泡菜拌炒，接着放入韭菜段、所有调料炒至入味即可。

烹饪小秘方

用腌渍泡菜烹调易入味

利用市售的腌渍泡菜当调味，简单快炒就香气十足。要注意的是，不同品牌的泡菜口感不一，有的偏咸、有的偏酸或偏辣，因此炒完调味时，要依口感增减调料分量，才能最符合自己的口味！

糖醋排骨

材料

排骨酥250克，番茄1个，洋葱1/3个，蒜3瓣，葱1根，食用油1大匙

调料

番茄酱1大匙，盐少许，白胡椒粉少许，酱油1小匙，香油少许，白糖1小匙

做法

1. 番茄洗净、切小块；洋葱洗净切块；蒜洗净切片；葱洗净切段，备用。

2. 热锅，加入1大匙食用油，放入有材料，以中火爆香。

3. 再加入排骨酥与所有调料，转中小火烩煮至汤汁略收干即可。

芹菜炒肥肠

材料

芹菜3棵，卤大肠2根，葱1根，蒜3瓣，辣椒1/3个，姜10克，胡萝卜10克，食用油1大匙

调料

盐少许，白胡椒粉少许，酱油1小匙，鸡精少许，香油1小匙，米酒1大匙

做法

1. 将市售的卤大肠切圈状，备用。

2. 芹菜、葱洗净切小段；蒜、辣椒、姜、胡萝卜皆洗净切片，备用。

3. 热锅，加入1大匙食用油，放入芹菜段、葱段、蒜片、辣椒片、姜片、胡萝卜片，以中火爆香。

4. 再加入大肠与所有调料，续以中火翻炒均匀即可。

酸菜炒肉片

材料

酸菜	300克
猪肉片	200克
辣椒	15克
姜末	10克
食用油	2大匙

调料

盐	1/4小匙
白糖	1/2小匙
鸡精	1/4小匙
米酒	少许

做法

1. 酸菜洗净切小段，辣椒洗净切片，备用。

2. 热锅，倒入2大匙食用油烧热，放入姜末、辣椒片爆香，放入猪肉片炒至颜色变白。

3. 续放入酸菜段炒1分钟，再放入所有调料拌炒入味即可。

烹饪小秘方

酸菜配方各家均不相同，因此风味也略有差异，大致上可以分为偏甜与偏咸两种，可依照个人喜好选用。如果用来炒肉片，建议选用偏咸的比较对味；而偏甜的比较适合用来包饭团、夹饼。

麻辣鸭血

材料
麻辣鸭血	1块
豆干	2片
竹笋	1根
葱	1根
蒜	2瓣
辣椒	1个
食用油	1大匙

调料
花椒	1大匙
八角	3粒
丁香	5粒
干辣椒	5克
辣油	1大匙
香油	1小匙
盐	少许
白胡椒粉	少许
酱油	1小匙
水	适量

做法
1. 豆干洗净切片；竹笋洗净切长条；蒜、辣椒洗净切片；葱切洗净小段，备用。
2. 热锅，加入1大匙油，放入花椒、干辣椒以小火爆香。
3. 再加入麻辣鸭血及所有材料与剩余调料，转中小火煮匀即可。

烹饪小秘方

辛香料平时可切好，多准备一些放在冰箱冷藏，做菜时取出即可使用，可节省很多时间。

椒麻鸡

材料

炸鸡排	2片
蒜末	5克
姜末	5克
葱末	5克
辣椒末	5克
香菜	适量

调料

A

水	100毫升
酱油	1大匙
白糖	1大匙
白醋	1大匙
鱼露	1小匙
辣油	1大匙
柠檬汁	1大匙

B

花椒	10克

做法

1. 炸鸡排放入烤箱中烤热回温后取出，切块摆放入盘中，备用。

2. 将调料A拌匀成酱汁；花椒粒用干锅炒香后压碎。

3. 热锅，倒入酱汁煮滚，熄火待凉后，加入蒜末、姜末、葱末、辣椒末拌匀，再加入花椒碎末拌匀，即为椒麻酱。

4. 将椒麻酱淋入鸡排上，最后放入香菜装饰即可。

PART 2

快手开胃凉菜

简单易上手的凉菜是家里基本的常备菜，多以腌拌、淋拌的烹调方式做出食物的最佳滋味，它们也是喜爱爽口开胃菜的人一定要熟悉掌握的。

凉拌五毒

材料

葱丝	20克
嫩姜丝	30克
红辣椒丝	20克
蒜苗丝	40克
香菜段	20克

调料

白醋	1大匙
盐	1/4小匙
白糖	1大匙
香油	1大匙

做法

1. 所有材料放入大碗中，分次加入凉开水冲洗干净，沥干备用。

2. 将所有调料放入另一碗中拌匀，再加入做法1所有材料充分拌匀即可。

烹饪小秘方

配角变化出的诱人美味

从采购食材到处理、烹调，总让人误以为只有昂贵的材料才能做出好菜，其实美食的世界可以有更多令人意想不到的创意空间，就像把平常当作配料的香辛料作为主角，简单凉拌也能做出随手可得的美味。

酱拌黄瓜

材料

黄瓜	200克
胡萝卜	10克
香菜（切碎）	2根
红辣椒（切丝）	少许

调料

XO酱	2大匙
香油	1小匙
辣油	1小匙

做法

① 黄瓜洗净去皮、切厚长条状，再放入滚水中氽烫杀青，备用。

② 胡萝卜洗净切小片，放入滚水中快速氽烫过水，备用。

③ 取一容器，加入所有的材料与所有调料搅拌均匀即可。

烹饪小秘方

妙用无穷的XO酱

用料复杂又费工的XO酱制作相当麻烦，但是用它做菜可就非常简单，不论炒还是拌，搭配海鲜、肉类或是蔬菜，甚至炒饭、炒面，都能马上为菜肴增添好风味，要快速做出美味就不能少了这一味。

酸辣绿豆粉

材料

绿豆粉块150克

调料

辣油1大匙，镇江醋1大匙，芝麻酱1小匙，酱油1小匙，白糖1大匙，凉开水1大匙

做法

1. 将绿豆粉块切成小块状，装入盘中备用。
2. 将芝麻酱先用凉开水拌匀，再加入剩余的调料，混合拌匀成酱汁。
3. 将酱汁淋至绿豆粉块上即可。

烹饪小秘方

凉拌菜的美味其实只有两个原则：一是材料新鲜；二是酱汁对味，主材料味道较清淡时，只要搭配上味道强烈一点的酱汁，就能做出既有特色味道又丰富的凉拌菜。

凉拌茄子

材料

茄子2个，葱2根，蒜8克

调料

白糖1/2小匙，酱油1小匙，蚝油1大匙，凉开水1大匙，香油1大匙

做法

1. 茄子洗净去蒂后，放入沸水中煮片刻（或蒸5分钟），切小块装盘备用。
2. 葱及蒜洗净切碎，与所有调料拌匀，然后淋至茄子上即可。

烹饪小秘方

茄子的味道很清淡，加上汆烫后容易出水，如果水分太多会让酱汁的味道无法入味。同时也会稀释掉酱汁的味道。因此，在开始拌之前要多注意茄子的出水情况，充分沥干后再拌，味道才会对。

葱油萝卜丝

材料
白萝卜	100克
红辣椒丝	5克
葱	2根

调料
A
盐	1/2小匙
食用油	30毫升

B
白糖	1/2小匙
盐	1/4小匙
香油	1小匙

做法
1. 白萝卜洗净去皮切丝，用调料A中的盐抓匀腌3分钟，再冲水3分钟后沥干备用。
2. 葱洗净切葱花，置于碗中；将食用油入锅烧热至120℃，冲入葱花中拌匀成葱油。
3. 将红辣椒丝、白萝卜丝、葱油及调料B一起拌匀即可。

烹饪小秘方

抓盐快速脱去多余水分
　　白萝卜含有很多的水分，凉拌之前必须去除掉一些水分，才不会在凉拌后出水冲淡味道，加点盐抓匀一下就可以帮助白萝卜快速脱水。

葱油海蜇

材料

海蜇皮	200克
胡萝卜	20克
小黄瓜	40克

调料

葱姜油酱　3大匙

做法

① 海蜇皮洗净切丝，用500毫升80℃的热水烫过后，持续冲冷水10分钟至用指甲掐海蜇皮感觉会脆时，沥干备用。

② 胡萝卜及小黄瓜洗净切丝备用。

③ 将海蜇皮丝、胡萝卜丝、小黄瓜丝加入葱姜油酱一起拌匀即可。

烹饪小秘方

葱姜油酱

材料：

姜40克，葱40克，盐15克，味精5克，食用油60毫升

做法：

1. 姜洗净切细末；葱洗净切葱花，备用。

2. 取一碗，将姜末、葱花、盐及味精放入，混合拌匀备用。

3. 食用油入锅加热至160℃后，将油冲入做法2中，拌匀放凉即可。

凉拌黄瓜鸡丝

材料

黄瓜丝200克，醉鸡胸肉250克，胡萝卜丝30克，苹果（切丝）1/2个，辣椒丝适量，蒜末5克

调料

盐1/4小匙，白糖1/2大匙，白醋1/2大匙，香油少许，冷开水适量

做法

① 醉鸡胸肉撕成丝状，备用。

② 取一容器，加入黄瓜丝、胡萝卜丝，用少许盐拌匀，腌渍5分钟后搓揉拌匀，接着再用冷开水冲洗去盐分，捞起沥干水分。

③ 另取一容器，放入苹果丝、辣椒丝、蒜末、小黄瓜丝、胡萝卜丝，与所有调料一起搅拌均匀，最后加入鸡丝略拌匀，取出盛盘即可。

卤汁拌海带丝

材料

海带丝250克，蒜末10克，嫩姜丝10克，辣椒丝10克，葱丝10克，爌肉卤汁30毫升（做法参考157页）

调料

Ⓐ 蚝油1小匙，味醂1小匙，陈醋1小匙，白糖少许，盐少许
Ⓑ 香油1/2大匙

做法

① 海带丝洗净切小段，放入沸水中氽烫3分钟后，捞起沥干备用。

② 将爌肉卤汁加入调料A，搅拌均匀成酱汁备用。

③ 将海带丝、蒜末、嫩姜丝、辣椒丝与酱汁拌匀。

④ 再加入葱丝拌匀，淋上香油即可。

蒜酥拌地瓜叶

材料
地瓜叶300克，蒜泥15克，辣椒碎少许，爌肉卤汁100毫升（做法参考157页），食用油适量

调料
盐少许，鸡精少许，香油1/2小匙

做法
① 地瓜叶挑嫩叶洗净备用。

② 热锅，倒入2大匙食用油，放入蒜泥以小火爆炒至金黄色即是蒜酥，取出备用。

③ 取一锅水煮至沸腾，加入少许油，放入地瓜叶汆烫至变软且熟，捞出沥干盛盘。

④ 爌肉卤汁加入所有调料一起煮至沸腾，淋在地瓜叶上，再放上蒜酥与辣椒碎即可。

凉拌鸭掌

材料
泡发鸭掌200克，小黄瓜80克，辣椒丝10克，姜丝10克

调料
糖醋酱5大匙

做法
① 泡发鸭掌洗净切小条，用温开水洗净沥干；小黄瓜洗净拍松切小段，备用。

② 将做法1的材料及姜丝、辣椒丝加入糖醋酱拌匀即可。

烹饪小秘方

糖醋酱

材料：
番茄酱70克，白醋50克，白糖50克，蒜20克，香油30毫升，盐3克

做法：
1. 蒜切成末备用。
2. 将所有材料混合拌匀即可。

海苔菠萝虾球

材料
虾仁250克，罐头菠萝片1罐（约200克）

调料
海苔沙拉酱适量

做法
1. 将虾仁洗净，背部去沙筋，再放入滚水中汆烫捞起备用。
2. 将罐头菠萝片汤汁滤干，再切成大块状备用。
3. 将菠萝块放入盘中铺底，再放入汆烫好的虾仁，最后再淋入海苔沙拉酱即可。

烹饪小秘方

海苔沙拉酱
材料：
沙拉酱3大匙，海苔粉少许，白醋1小匙，盐少许，白胡椒粉少许
做法：将所有的材料混合均匀即可。

和风芦笋

材料
芦笋80克

调料
和风酱适量

做法
1. 首先将芦笋去老皮，放入滚水中以中火汆烫1分钟，捞起再放入冰水中冰镇备用。
2. 将芦笋摆盘，淋入和风酱即可。

烹饪小秘方

和风酱
材料：
和风酱150毫升，洋葱1/4颗，白芝麻1大匙，盐少许，黑胡椒粉少许
做法：
1. 将洋葱切成碎状。
2. 将洋葱碎和其余材料混合均匀即可。

腐乳拌蕨菜

材料
豆腐乳2小块，蕨菜250克，食用油适量

调料
豆腐乳酱汁1大匙，冷开水适量

做法
1. 蕨菜洗净、切段，放入加了少许盐、油的沸水中汆烫，备用。
2. 豆腐乳、豆腐乳酱汁混合后稍微弄碎，加入冷开水调至可以接受的微咸程度。
3. 将蕨菜与调好的酱汁拌匀盛盘即可。

> **烹饪小秘方**
> 夹取豆腐乳时要用干净的筷子，每次要用几块就一起夹几块出来使用，因为与蕨菜拌合时会降低咸味，所以豆腐乳酱汁调味，调到可以接受略咸的程度即可。

凉拌土豆丝

材料
土豆1个（约150克），胡萝卜30克

调料
陈醋1大匙，辣油1大匙，白糖1小匙，盐1/6小匙

做法
1. 将土豆与胡萝卜均洗净去皮切丝，放入沸水锅中汆烫30秒后，捞起冲凉备用。
2. 将土豆丝、胡萝卜丝与所有调料拌匀即可（盛盘后可加入少许香菜装饰）。

> **烹饪小秘方**
> **土豆口感清脆的秘诀**
> 土豆原本的口感就是脆的，但是随着加热时间越长，脆度会渐渐转化成松软，所以汆烫的时间要快，涮几下就要马上捞出来冲凉。

凉拌白菜心

🍴 材料
大白菜心 300克
红辣椒丝 5克
香菜碎 5克
油炸花生 40克

🥄 调料
白醋 1大匙
白糖 1大匙
盐 1/6小匙
香油 1大匙

🍳 做法
1 将大白菜心洗净切丝，泡入冰开水3分钟，捞起沥干水分，备用。
2 将白菜心丝放入大碗，加入红辣椒丝、香菜碎、油炸花生。
3 再加入所有调料一起拌匀即可。

烹饪小秘方

快速做出爽脆口感
　　凉拌菜除了入味，通常还会要求口感爽脆，快速有效的方法就是将材料切细之后，先以冰水冰镇3~5分钟再制作，如果不马上吃就要尽快放回冰箱保存，才能保持爽脆度。

辣味鸡胗

材料
鸡胗160克，葱段30克，姜片40克，芹菜70克，辣椒丝10克，香菜末5克

调料
豆瓣辣酱3大匙

做法
1. 取一汤锅，将葱段及姜片放入锅中，加入2000毫升水，开火煮滚后放入鸡胗。
2. 待煮沸后，将火转至最小维持微滚状态，续煮10分钟捞起沥干放凉，切片备用。
3. 芹菜洗净切小段，氽烫后冲水至凉，与辣椒丝、香菜末、鸡胗、豆瓣辣酱混合拌匀即可。

麻油黄瓜

材料
小黄瓜3根，辣椒丝1根，蒜末1茶匙

调料
A 盐1/2茶匙
B 白醋1/2茶匙，白糖1/2茶匙，盐1/4茶匙，香油1大匙

做法
1. 小黄瓜洗净，切成长5厘米的段，再直剖成4条，备用。
2. 用调料A中的盐抓匀小黄瓜，腌渍10分钟，再将小黄瓜冲水2分钟，去掉咸涩味，沥干备用。
3. 将小黄瓜置于盆中，加入辣椒丝、蒜末及调料B一起拌匀即可。

麻辣耳丝

材料
猪耳1副，蒜苗1根，辣油汁2大匙，葱段10克，姜片10克

调料
八角2粒，花椒1茶匙，水1500毫升，盐1大匙

做法
① 将材料B混合煮至沸腾，放入猪耳以小火煮15分钟，取出冲冷开水至凉，然后切斜薄片，再切细丝；蒜苗洗净切细丝，备用。
③ 将猪耳丝、蒜苗丝、辣油汁混合拌匀即可。

烹饪小秘方
辣油汁
材料：
盐15克，味精5克，辣椒粉50克，花椒粉5克，食用油120毫升
做法：
将辣椒粉与盐、味精、花椒粉拌匀；再倒入热油，迅速搅拌均匀即可。

香椿豆干丝

材料
卤豆干150克，辣椒10克，葱20克

调料
香椿酱油2大匙

做法
① 卤豆干、辣椒、葱分别洗净，切丝备用。
② 将做法1的材料加入香椿酱油一起拌匀。

烹饪小秘方
香椿酱油
材料：
香椿嫩叶50克，香油50毫升，酱油60毫升，白糖15克，辣椒末20克
做法：
1.将香椿嫩叶洗净剁碎后，放入碗中。
2.将香油加热至100℃后，冲入香椿末中拌匀放凉。
3.再将酱油,白糖及辣椒末拌入香椿中。

黄瓜粉丝

材料
黄瓜400克，粉丝1把，蒜末1/2茶匙，食用油1大匙

调料
盐1茶匙，水200毫升

做法
1. 将黄瓜洗净去皮，切成0.3厘米宽的条状；粉丝泡水至软，切成约6厘米长的段备用。
2. 取锅烧热后，加入1大匙油，放入蒜末爆香。
3. 再放入黄瓜条略炒，再加入所有调料。
4. 等黄瓜条煮至变软，加入泡软后的粉丝，续煮2分钟即可。

五味章鱼

材料
熟章鱼250克，葱丝适量

调料
五味酱适量

做法
1. 将章鱼洗净，切成小块状，放入滚水中汆烫10秒，取出备用。
2. 放入葱丝，再搭配五味酱即可。

烹饪小秘方

五味酱
材料：
五味酱1大匙，香菜碎适量
做法：
将所有材料混合均匀即可。

五味鱿鱼

材料

鱿鱼	300克
红辣椒丝	10克

调料

五味酱	4大匙

做法

① 鱿鱼撕除表面薄膜，洗净后切成约一口大小的块状，放入滚水中汆烫20秒钟，捞起沥干水分，再盛入盘中备用。

② 红辣椒丝放入小碗中，加入五味酱拌匀，均匀淋在鱿鱼上即可。

烹饪小秘方

切小块让美味更精致

　　材料切得越小，所需要的烹调时间也越短，这是快速烹调的最高原则，不过也不能为了快就不管三七二十一把材料通通切得细细碎碎的，决定怎么切之前需要考虑材料的特质，应该在适合的形状之中选择较小的，才能同时兼顾快速与好吃，例如肉类可以切丝、切末，但海鲜就不适合这样切，海鲜通常以一口的大小为依据，要更快则可以考虑在表面划些花纹帮助熟透。

梅酱芦笋虾

材料
芦笋　　　220克
草虾　　　10只
紫苏梅　　3颗
（连同汁液）
姜　　　　5克

调料
白糖　　　2小匙
凉开水　　1小匙
盐　　　　1/6小匙

做法
1. 芦笋切去接近根部较老的部分，放入滚水中氽烫10秒即捞起，以冰水浸泡至凉后装盘。
2. 草虾放入滚水中氽烫20秒后，捞起剥去壳，排放至芦笋上。
3. 紫苏梅去籽，连汤汁与姜一起磨成泥，再和其余调料混合做成酱汁，淋至芦笋虾上即可。

烹饪小秘方

以紫苏梅简单做出凉拌菜
腌渍紫苏梅的滋味本来就很开胃，用来制作凉拌菜不但滋味好，也可以让酱汁的制作更简单容易，酸酸甜甜的紫苏梅加一点姜泥更添鲜味，最适合用来凉拌海鲜。

凉拌芹菜鱿鱼

材料
芹菜	150克
鱿鱼	200克
黄甜椒	30克
蒜末	10克
红辣椒丁	10克

调料
香油	1大匙
生抽	1小匙
糖	1/2小匙
鸡精	1/2小匙
白醋	1/2小匙
开水	2大匙

做法
1. 鱿鱼洗净切条；芹菜洗净撕去粗纤维、切段；黄甜椒洗净切丝，备用。
2. 将芹菜段、黄甜椒丝、鱿鱼条分别放入沸水中烫熟后，捞出放入冰水中备用。
3. 所有调料混合后，加入蒜末、红辣椒丁拌匀。
4. 将芹菜段、黄甜椒丝、鱿鱼条捞出沥干水分，放入盘中，淋上酱料即可。

烹饪小秘方

切细条是凉拌菜首选

凉拌菜单靠吸收调味酱汁入味，如果食材太大块，中心部位很难吸收到酱汁，味道也会比较差，各种形状里最适合的是条状，兼顾了食用时的口感又能快速入味。

泡菜拌牛肉

材料

韩式泡菜（切块）	250克
牛肉	500克
绿豆芽	60克
小黄瓜（切片）	2根
香菜（切碎）	3根

调料

黑胡椒粉	少许
盐	少许
香油	1小匙
白糖	1小匙

做法

1. 牛肉洗净切成小块，放入滚水中煮熟，备用。
2. 绿豆芽洗净，放入滚水中快速汆烫过水，备用。
3. 取一容器，加入牛肉块、绿豆芽，再加入其余材料与所有调料，充分混合搅拌均匀即可。

烹饪小秘方

烫牛肉香嫩的快速秘诀

以牛肉制作拌菜会比猪肉更快速，因为牛肉的油脂比例低，短时间烫煮至均匀熟透就好，可以维持更好的嫩度，再搭配上泡菜酱汁这一类重口味的调味酱料拌匀，马上就是一道开胃又营养的凉菜。

橙醋肉片

🍱 材料

柳橙	1/2个
梅花火锅肉片	1盒
柠檬	1个

🍶 调料

白醋	1大匙
酱油	1大匙
味酥	1大匙
水	2大匙

📖 做法

① 柠檬和柳橙分别榨汁备用。

② 取柠檬汁3大匙、柳橙汁1大匙和所有调料拌匀成蘸酱备用。

③ 将梅花火锅肉片洗净，放入滚水中氽烫至熟，捞出沥干摆盘，搭配蘸酱食用即可。

烹饪小秘方

利用火锅肉片更简单快熟

火锅肉片比一般切出来的肉片更薄，稍微烫一下马上就可以熟透，且因为薄就算只是拌上酱汁也能很快入味，不论烫或炒都很方便快速。

银芽拌肉丝

📋 材料

绿豆芽	120克
猪肉丝	80克
红辣椒丝	5克

📝 调料

盐	1/2小匙
白糖	1/2小匙
白醋	1小匙
香油	1大匙

📖 做法

1. 猪肉丝及绿豆芽丝用沸水汆烫10秒后捞起，用凉开水泡凉备用。
2. 将肉丝及绿豆芽放入碗中，再加入红辣椒丝及所有的调料拌匀即可。

烹饪小秘方

快速拌出绿豆芽的清脆爽口

绿豆芽是口感好又营养的食材，用来凉拌比快炒更能呈现出它爽口的一面，稍微汆烫一下去除青涩味，再以白醋和白糖拌一下，就是酸酸甜甜又清凉爽脆的好菜。

凉拌洋葱鱼皮

材料

洋葱	100克
鱼皮	300克
胡萝卜丝	少许
香菜（切碎）	2根
红辣椒（切片）	1个
蒜（切碎）	3瓣

调料

香油	1大匙
盐	少许
白胡椒粉	少许
辣油	1小匙
白糖	1小匙

做法

1. 洋葱洗净切丝，放入冰水中冰镇20分钟，备用。
2. 鱼皮洗净，放入滚水中快速汆烫，捞起泡入冰水中，备用。
3. 取一容器，加入洋葱丝、鱼皮，再加入其余材料与所有调料，充分混合搅拌均匀即可。

烹饪小秘方

快速去除鱼皮的腥味

海鲜材料总是带有腥味，鱼皮也不例外，尤其是制作凉拌菜时，腥味会让整道菜都走味变调。鱼皮汆烫的时候加点洋葱丝、蒜和米酒一起烫煮，就能更彻底又快速地去除掉不好的腥味。

熏鸡丝拌黄瓜

材料
熏鸡肉150克，黄瓜2根（约200克），红辣椒1个，蒜15克

调料
酱油2大匙，白醋1小匙，白糖1小匙，香油1大匙

做法
1. 熏鸡肉洗净切粗丝；黄瓜洗净拍扁后切小段；红辣椒洗净去籽切丝；蒜洗净切末备用。
2. 将所有材料放入大碗中，加入酱油、白醋及白糖拌匀后，再洒入香油略拌匀即可。

烹饪小秘方
黄瓜快速入味秘诀
切黄瓜之前先以刀背拍扁，能让黄瓜呈现不规则的表面，增加了可以吸收酱汁的面积，自然就能更快速入味。

西芹拌烤鸭

材料
西芹120克，烤鸭肉100克，蒜末1小匙，红辣椒片10克

调料
酱油1大匙，白醋1/2小匙，白糖1/2小匙，香油1大匙

做法
1. 西芹洗净，削去老筋和粗皮后切斜片，放入滚水中汆烫30秒钟，捞出冲凉沥干备用。
2. 烤鸭肉切薄片备用。
3. 将西芹片、烤鸭片放入大碗中，加入蒜末、红辣椒片及所有调料充分拌匀即可。

烹饪小秘方
以熟烤鸭作为材料，不但可以快速做好菜，利用烤鸭本身的好风味，也方便了调味。

金针菇拌肚丝

材料

金针菇	30克
熟猪肚	100克
红辣椒丝	5克
姜丝	5克
胡萝卜	30克

调料

酱油	2大匙
白醋	1小匙
白糖	1小匙
香油	1大匙

做法

① 熟猪肚切丝；金针菇切掉根部，洗净剥成丝；胡萝卜洗净去皮切丝，备用。

② 煮一锅水至滚，将金针菇及胡萝卜丝放入锅内，氽烫10秒后，捞起沥干。

③ 将猪肚丝、金针菇、胡萝卜丝、姜丝及红辣椒丝置于碗中。

④ 加入所有调料一起拌匀即可（盛盘后可加入少许香菜装饰）。

烹饪小秘方

快速又爽口的凉拌秘诀

菇类不容易入味，根茎类食材不容易软化，如果想要更快速制作这类凉拌菜，可以先氽烫软化材料，沥干后再凉拌，口感更爽口，同时也能加快入味。

芝麻香葱鸡

材料
白芝麻10克，红葱头100克，白斩鸡腿1只，香菜10克，食用油50毫升

调料
罐头鸡汤100毫升，盐1大匙，白糖1/2茶匙

做法
1. 白斩鸡腿切块盛盘；红葱头去皮洗净后切片备用；白芝麻干炒至香备用。
2. 热锅，倒入食用油烧至约180℃时，放入红葱片，以小火慢炸至呈金黄色后捞起，滤过摊凉即为红葱酥（油保留即为红葱油）。
3. 将所有调料混合均匀，淋在白斩鸡盘上。
4. 于白斩鸡盘上淋入少许红葱油，最后撒上滤起的红葱酥、白芝麻、香菜即可。

洋葱拌鲔鱼

材料
洋葱1个，鲔鱼罐头1罐，葱花1大匙

调料
柳橙汁60毫升，白醋60毫升，酱油60毫升，味醂20毫升

做法
1. 洋葱去外皮洗净后切细丝，再与所有调料拌匀，备用。
2. 鲔鱼罐头开罐后倒出、滤油，将鲔鱼肉弄散备用。
3. 将洋葱丝夹出摆入盘中，接着把鲔鱼肉铺在洋葱丝上，淋上调料，最后撒上葱花即可。

PART 3

营养主食

因为工作太忙没有太多时间做饭？或是偶尔想要来点不一样的
食物换换口味？一次搞定营养与美味的主食都在这里！

葱油炒粄条

材料
粄条200克，猪肉50克，胡萝卜少许，豆芽50克，蒜2瓣，红辣椒1/3个，韭菜50克

调料
白胡椒粉1小匙，葱油2大匙，酱油1大匙，白糖1小匙

做法
1. 将粄条放入蒸笼内蒸15秒，取出切长条状；猪肉和胡萝卜洗净切丝；豆芽洗净；蒜和红辣椒洗净切片；韭菜洗净，切段备用。
2. 取一炒锅，放入猪肉丝爆香，再加入做法1的剩余材料（粄条除外）一起翻炒。
3. 最后再加入粄条和所有调料拌炒即可。

泰式凉拌粉丝

材料
粉丝1把，白虾10只，洋葱（切丝）1/4颗，葱（切段）1根，香菜（切碎）1根，红辣椒（切片）1个

调料
红辣椒酱2大匙，柠檬汁20毫升，黑胡椒少许，盐少许，香油1小匙

做法
1. 白虾剪须及头部尖刺，再去除肠泥沙筋，放入滚水中快速汆烫过水，备用。
2. 粉丝泡入60℃温开水中，泡15分钟至软，再将水分滤干，备用。
3. 取一容器，加入所有的材料与所有调料一起搅拌均匀即可。

XO酱炒河粉

材料
河粉250克, 绿豆芽50克, 韭黄30克, 洋葱20克, 食用油1大匙

调料
XO酱2大匙, 酱油1大匙

做法
1. 绿豆芽洗净, 摘除根部; 韭黄洗净、切段; 洋葱洗净, 去皮切丝, 备用。
2. 河粉切宽条, 剥散备用。
3. 热锅倒入1大匙食用油, 待油均匀布满锅内且烧热后, 放入河粉以大火快速翻炒10秒钟, 加入酱油及XO酱继续大火快速翻炒至上色均匀。
4. 最后再加入韭黄段及绿豆芽拌炒1分钟即可。

韩式辣炒年糕

材料
韩式年糕200克, 猪肉50克, 韩式泡菜80克, 葱2根, 芹菜2根, 蒜2瓣, 红辣椒1/2个

调料
香油1小匙, 白胡椒粉1小匙, 盐1小匙

做法
1. 韩式年糕放入温水中泡软备用。
2. 猪肉洗净切丝; 韩式泡菜切段; 葱和芹菜洗净切段; 蒜、红辣椒洗净切片备用。
3. 取一个炒锅, 先放入猪肉丝爆香, 再加入做法2中剩余的所有材料一起翻炒均匀。
4. 最后再加入所有的调料与泡软的年糕一起烩煮至入味即可。

鱼片粥

材料
去骨鲜鱼片	200克
米饭	300克
生菜	100克
蒜苗丝	适量
姜汁	1小匙

调料
A
盐	1/2小匙
鸡精	少许
米酒	1小匙
白胡椒粉	少许

B
高汤	750毫升

腌料
盐	少许
淀粉	少许
料理米酒	少许

做法

1. 去骨鲜鱼片洗净沥干水分，放入大碗中，加入所有腌料拌匀并腌1分钟，再放入滚水中氽烫至变色，立即捞出沥干水分备用。

2. 生菜剥下叶片洗净，沥干水分后切小片备用。

3. 汤锅中倒入高汤以中火煮至滚，放入米饭改小火拌煮至略浓稠，加入做法1及做法2材料续煮1分钟，再加入所有调料调味，最后加入姜汁和蒜苗丝煮匀即可。

烹饪小秘方

冷冻鱼片是烹饪快手的最爱

冷冻鱼肉是快手最适合的材料，买回家后不需要担心厨房到处沾染鱼腥味难洗难清，同时冷冻过的鱼肉因为比较硬，不论切块或切片都更简单容易，市场或超市都有很多种类可以选择，不妨多多加以利用变化。

卤汁炒面

📋 材料

粗油面	300克
瘦肉	100克
洋葱	80克
葱	15克
干香菇	20克
胡萝卜	15克
肉臊卤汁	100毫升
食用油	1大匙

📋 调料

盐	少许
鸡精	少许
白糖	1/4小匙
白胡椒粉	少许
陈醋	1小匙
香油	1/2小匙

📋 做法

❶ 瘦肉洗净切丝；洋葱去皮洗净切丝；干香菇泡软后洗净切丝；胡萝卜去皮洗净切丝；葱洗净切段，区分葱白、葱绿，备用。

❷ 热锅，倒入1大匙油，放入葱白爆香，再放入肉丝、洋葱丝、胡萝卜丝与香菇丝炒香且肉色变白。

❸ 放入粗油面拌炒开，加入肉臊卤汁、所有调料、葱绿炒至入味即可。

肉臊卤汁

材料： Ⓐ 肉馅600克，猪皮200克，红葱末40克，食用油适量 Ⓑ 蒜3瓣，月桂叶2片，甘草2片

调料： Ⓐ 酱油100毫升，冰糖1大匙，米酒2大匙，辣椒粉少许，五香粉少许，白胡椒粉少许 Ⓑ 酱油2大匙 Ⓒ 高汤1200毫升

做法： 1. 猪皮洗净切大片，放入沸水中氽烫去腥，捞出冲冷水，所有香料放入绵袋中绑好，备用。

2. 热锅，倒入4大匙油，放入红葱末以小火爆香至金黄色，即是油葱酥，取出备用。

3. 于锅中放入肉馅炒至颜色变白且松散油亮，加入调料A炒香后移入砂锅中，加入高汤煮至沸腾，加入猪皮，转小火续煮1小时。

4. 再加入油葱酥、酱油及作香料包继续卤15分钟即可。

咖喱乌冬面

材料

洋葱	1/2个
薄五花肉片	50克
冷冻熟乌冬面	1人份
胡萝卜	1片
油豆腐	1片
菠菜	适量
辛辣口味咖喱块	25克
牛奶	100毫升

调料

蔬菜高汤	400毫升
生抽	20毫升
味醂	20毫升
柴鱼素	2克

做法

1. 洋葱洗净切丝；薄五花肉片切适当大小；冷冻熟乌冬面放入滚水中烫开，捞起沥干备用。

2. 胡萝卜片、油豆腐烫熟；菠菜洗净汆烫后放入冷开水中，取出切小段备用。

3. 取一锅，将调料全部放入锅中，混合煮匀后加入五花肉，涮至肉片变白色，再放入洋葱丝煮软（中途若有浮末须捞除），加入辛辣口味咖喱块轻轻搅拌均匀，续放入乌冬面，起锅前加入牛奶略煮一下。

4. 将锅中的食物倒入碗中，排上胡萝卜片、油豆腐、菠菜段即可。

烹饪小秘方

咖喱的快速调味秘诀

咖喱块的用途很多，除了可以炖煮咖喱肉，也可用于快速制做咖喱口味的汤头，或是制作简易的咖喱酱汁。

鳗鱼盖饭

材料
市售蒲烧鳗1尾（约250克），米饭适量，胡萝卜2片，西蓝花4小朵

调料
鳗鱼酱汁1小包

做法
1. 蒲烧鳗均匀刷上酱汁，放入烤箱中烤8分钟，至烤热回温后取出、对切两半，备用。
2. 将西蓝花洗净后放入滚水中，并加入少许盐（材料外）烫至翠绿熟透后，取出备用。
3. 将米饭盛碗，铺上蒲烧鳗、西蓝花，附上胡萝卜片配食即可。

牛肉卷饼

材料
卤牛腱1个（约300克），冷冻葱油饼3片，葱3根，食用油适量

调料
甜面酱适量

做法
1. 卤牛腱切薄片；葱洗净切段，备用。
2. 热锅，倒入少许食用油，放入冷冻葱油饼用小火将双面煎至金黄酥脆，熟透后取出，备用。
3. 取一片葱油饼，涂上适量甜面酱，放入适量葱段与牛腱片，包卷起后对切即可（重复此步骤至材料用毕）。

绍子干拌面

材料
阳春面　　　70克
小白菜　　　25克

调料
贵妃牛肉臊　3大匙

做法
① 小白菜洗净、切小段。
② 将阳春面放入滚水中小火煮1分钟，捞起沥干水分，盛入碗中。
③ 滚水继续烧开，放入小白菜略烫，捞起沥干水分后放于面上，最后趁热淋上贵妃牛肉臊即可。

烹饪小秘方

贵妃牛肉臊

材料：
牛肉馅220克，猪肥肉（绞碎）200克，猪皮100克，红葱头50克，姜40克，蒜50克、食用油适量

调料：
辣椒酱3大匙，番茄酱200克，水800毫升，白糖2大匙

做法：
1. 将猪皮表面以刀刮干净后清洗干净，放入滚水中以小火煮40分钟至软后，取出冲凉至完全冷却，切成小丁备用。
2. 将姜、红葱头及蒜洗净、去皮、切碎备用。
3. 锅中倒入150毫升食用油烧热，放入猪皮丁以小火爆香，再加入辣椒酱炒至油变为红色，取出备用。
4. 将牛肉馅及猪肥肉放入锅中，以中火炒至表面变白散开，续加入其他调料，煮开后加入猪皮，改小火煮25分钟即可。

牛丼饭

材料
牛五花薄片　120克
洋葱　　　　1/2个
红姜片　　　适量
米饭　　　　适量

调料
水　　　　200毫升
酒　　　　55毫升
味醂　　　55毫升
酱油　　　55毫升
白糖　　　20克

做法
① 将洋葱洗净切成细条状备用。

② 将调料混合煮开至白糖溶化即为煮汁，再将牛五花薄片不重叠地放入煮汁中，转小火捞除浮沫，再加入洋葱条煮15分钟。

③ 碗中盛入适量米饭，先铺上煮好的洋葱条，再将牛五花薄片铺在洋葱条上，淋上适量煮汁，放上红姜片即可。

烹饪小秘方

如果想要更快做好这道菜，可以选择市面上制作牛丼专用的方便酱，做起来更快。而选用牛肉片不必选用太好完整的肉片，牛丼原本就是使用碎牛肉熬煮而成的，太好的肉片比较适合用来烧烤。

京酱肉丝拌面

材料
京酱肉丝　80克
面条　　　150克
黄瓜　　　1/2根
葱花　　　1茶匙

做法
1. 黄瓜洗净切丝备用。
2. 取一汤锅，倒入适量水煮至滚沸，放入面条以小火煮3分钟至面熟软后，捞起沥干，放入碗中。
3. 将京酱肉丝倒入面碗中，再撒上葱花、小黄瓜丝拌匀即可食用。

烹饪小秘方

京酱肉丝
材料：
肉丝150克
调料：
Ⓐ 酱油1茶匙，嫩精1/4茶匙，淀粉1茶匙，蛋白1茶匙 Ⓑ 京酱3大匙，香油1茶匙
做法：
1. 肉丝用调料A腌制10分钟，备用。
2. 油锅烧热，将腌好的肉丝以小火炒散后，即开大火略炒。
3. 淋入京酱快速炒匀，滴上香油即为京酱肉丝。

京酱
材料：甜面酱2大匙、番茄酱1茶匙、料酒1/2茶匙、淀粉1/2茶匙、白糖1茶匙、水1大匙
做法：将所有材料一起混合搅拌均匀即成，可多做一些放入冷藏库备用。

沙丁鱼米粉

材料

茄汁沙丁鱼罐头200克，米粉150克，姜片3片，香菜少许

调料

开水300毫升，白醋1/2大匙

做法

1. 取一汤锅，待水滚沸后放入米粉，稍微氽烫后捞起沥干。

2. 另取一锅，倒入开水煮至滚沸，放入米粉、姜片，再倒入茄汁沙丁鱼罐头以汤勺轻轻搅拌。

3. 将白醋放入锅中一起搅拌，煮至汤汁滚沸即可熄火盛碗，最后放上香菜即可。

猪肉炒乌冬面

材料

猪五花肉片100克，冷冻熟乌冬面2包，香菇（大）1朵，韭菜段10克，葱段10克，绿豆芽100克，老姜数片，食用油适量

腌料

盐少许，米酒少许，酱油少许，胡椒粉少许

调料

水100毫升，鸡精3克，盐少许

做法

1. 冷冻熟乌冬面放入沸水中氽烫解冻至面条散开时，立即捞起沥干；所有调料混合均匀；香菇洗净切细条，备用。

2. 猪五花肉片切适当长，加入所有腌料拌匀备用。

3. 热锅，倒入适量油，放入猪五花肉片炒至颜色变白时，加入姜片、香菇条炒香。

4. 再加入乌冬面、葱段、韭菜段、绿豆芽炒匀，最后加入调匀的调料炒至入味即可。

咸蛋肉饼

材料

咸蛋黄	1个
咸蛋白	1个
猪肉馅	200克
荸荠肉	80克
葱	40克
姜	30克
葱白丝	适量

调料

酱油	1小匙
米酒	1小匙
香油	1小匙
淀粉	1小匙
白胡椒粉	1小匙

做法

1. 荸荠肉、葱及姜洗净切末，与猪肉馅、咸蛋白、所有调料混合捏成饼状。
2. 将咸蛋黄压在做法1的肉饼中间备用。
3. 将做法2的肉饼放入蒸锅中蒸12分钟，撒上葱白丝即可。

> **烹饪小秘方**
>
> 咸蛋分熟的与生的，做咸蛋肉饼使用的咸蛋要使用生的，否则在经过蒸煮后咸蛋黄会太干影响口感，而生的咸蛋则刚好在蒸煮过程中变熟，口感就不受影响了。

海鲜泡饭

材料

虾仁	40克
蛤蜊	6个
鱿鱼肉	50克
米饭	150克
姜末	5克
葱花	5克

调料

高汤	150毫升
水	150毫升
白胡椒粉	1/6小匙

做法

① 蛤蜊泡入水中吐沙，洗净后沥干；鱿鱼肉洗净切小片；虾仁洗净；备用。

② 高汤及水倒入小汤锅中煮开，放入做法1的所有材料以小火煮至滚，续煮1分钟后加入米饭、白胡椒粉及姜末，拌匀再煮1分钟后关火，撒上葱花即可。

烹饪小秘方

尝试不同美味的米饭

我们所熟悉的米饭大多为蒸饭和粥的形态，虽然口味的变化已经相当多，但其实在两者之间还有不同的选择，泡饭就是很多人都喜爱的，不用花时间把饭熬成粥，也保留了米饭的颗粒口感，别具爽口好滋味。

蚝油肉片捞面

🍲 材料
猪肉片　　30克
鸡蛋面　　100克
上海青　　2棵
葱花　　　少许

🥄 调料
蚝油　　　1大匙
红葱油　　1小匙

🥢 做法
① 将蚝油及红葱油放入碗中拌匀备用。
② 上海青洗净切长段，放入滚水中氽烫30秒钟，捞出沥干备用。
③ 猪肉片洗净，放入滚水中烫1分钟，捞出沥干备用。
④ 鸡蛋面放入滚水中拌开，以小火煮2分钟至熟，捞出沥干，再放入碗中拌匀，最后排入上海青和猪肉片并撒上葱花即可。

烹饪小秘方

提味增鲜的红葱油

中式菜肴擅长以小配料营造出主材料的特殊风味，红葱油就是其中一样私房妙招，如同以红葱头爆香的效果，加一点红葱油也能提供相同的香气，而且可以省去爆香的过程，让制作过程更简便容易。

什锦烩饭

材料
虾仁	30克
猪肉片	30克
杏鲍菇	30克
上海青	2棵
鸡蛋	1个
米饭	1碗

调料
浓汤包	1包
水	200毫升
香油	1小匙

做法
1. 上海青洗净切小段；杏鲍菇洗净切片；虾仁去肠泥后洗净；猪肉片洗净，备用。
2. 将做法1的所有材料放入滚水中汆烫1分钟，捞出沥干水分；鸡蛋打散成蛋液，备用。
3. 米饭盛入盘中备用。
4. 将200毫升水倒入锅中，加入浓汤包略拌，开小火边煮边拌至汤汁均匀且浓稠，再加入汆烫后的所有材料，再次煮开后淋入蛋液拌匀，熄火淋入香油，均匀淋在米饭上即可。

烹饪小秘方

烩出完整的营养好味道

菜饭合一是兼顾快速与营养的最好方式，其中又以烩的方式最能融合较丰富的材料。烩饭要清爽顺口，汤汁的分量要稍微充足些，勾芡时也不宜过于浓稠，才能凸显出材料的好风味，美味而又不腻。

叉烧卷饼

材料
叉烧肉　　　200克
葱油饼　　　5张
葱丝　　　　60克
食用油　　　适量

调料
甜面酱　　　3大匙

做法
1. 叉烧肉切片备用。
2. 热锅，倒入少许油烧热，放入葱油饼以小火煎至两面酥脆，盛出备用。
3. 将葱油饼摊平，表面抹上少许甜面酱，排入叉烧肉片及葱丝，包卷起来即可。

烹饪小秘方

趁热抹酱美味加分

越是简单的菜品，其实越充满了智慧与窍门，例如这道简单的卷饼，手法要快才能做出最好的味道，尤其是煎好葱油饼之后，要趁热抹上甜面酱，利用余温提升酱汁的香味，也能让口感变得更润滑不干涩。

土司披萨

🥗 材料

厚片土司	2片
玉米粒	4大匙
洋葱	40克
热狗	1根
披萨起司	1大匙

🍶 调料

番茄酱	2大匙

🍳 做法

1. 洋葱去皮，洗净后切丝；热狗取出切小圆片；备用。
2. 厚片土司均匀涂上番茄酱，依序放入玉米粒、洋葱丝和热狗片，最后均匀撒上披萨起司备用。
3. 烤箱打开上下火预热至220℃，放入做法2的土司烘烤5分钟，待表面呈金黄色取出即可。

烹饪小秘方

土司就是现成的披萨饼皮

　　懂得善用材料取长补短，是快速做菜兼顾美味与时间的一大原则。想要在家吃披萨，自己做饼皮可就太费工夫了，一旦觉得复杂就容易失去制作的耐心与乐趣，利用土司作为现成的替代材料，不必费力做披萨饼皮，而且分量刚刚好，经济又实惠。

金包银蛋炒饭

材料
鸡蛋3个（取蛋黄），冷米饭3碗，葱花适量，胡萝卜碎10克，食用油适量

调料
白胡椒粉少许，盐少许

做法
1. 蛋黄打散后加入米饭中拌匀，备用。
2. 热锅，加入少许油先炒香胡萝卜碎，再将拌好的饭加入锅中炒匀，把蛋汁炒熟后熄火。
3. 续于锅中加入葱花、盐、白胡椒粉，开火炒匀即可。

> **烹饪小秘方**
>
> **饭粒快速炒散的秘诀**
>
> 炒饭要粒粒分明首先要选择冷饭来做。先把蛋黄加入饭中拌匀，除了能让饭粒呈现黄金色泽之外，也能帮助米饭粒粒分明。

海鲜炒面

材料
Ⓐ 油面250克，葱段20克，洋葱丝25克，上海青段50克，红辣椒片10克，食用油2大匙
Ⓑ 中卷片60克，蛤蜊6个，虾仁60克，鱼板片20克

调料
酱油少许，盐1/2小匙，白糖1/4小匙，米酒1大匙，陈醋少许，热水100毫升

做法
1. 热锅，加入2大匙食用油，放入葱段、洋葱丝爆香，再放入所有材料B拌炒匀。
2. 于锅中加入油面、上海青段、红辣椒片、所有调料，快炒均匀入味即可。

> **烹饪小秘方**
>
> **选对面条省时又美味**
>
> 不同的面条，炒出来的口感和所需的时间都不一样，使用熟面条比如油面和乌冬面，可以节省很多煮面的时间。

辣菜脯炒饭

材料
辣菜脯	25克
鸡蛋	1个
米饭	250克
蒜末	10克
蒜苗	15克
食用油	2大匙

调料
米酒	1大匙
酱油	1小匙
盐	少许
鸡精	少许

做法
1. 鸡蛋打入碗中打散；辣菜脯切细；蒜苗洗净切片，备用。
2. 热锅，倒入1大匙食用油，加入蛋液拌炒，炒熟后取出，备用。
3. 在锅中倒入1大匙食用油，放入蒜末爆香，再加入辣菜脯炒香，放入米饭炒散后，加入米酒和酱油炒均匀。
4. 在锅中续放入炒蛋、蒜苗片、盐和鸡精一起拌炒均匀即可。

泡菜炒饭

材料

韩国泡菜	80克
猪肉丝	50克
米饭	2碗
葱	1根
鸡蛋	2个
色拉油	1大匙

调料

盐	1/4小匙
白糖	少许

做法

① 韩国泡菜切细丝，放入猪肉丝与原有的泡菜汁，一起腌渍15分钟。

② 葱洗净切葱花；鸡蛋打散成蛋液，备用。

③ 将泡菜丝和猪肉丝挤去多余水分，备用。

④ 热锅，放入1大匙食用油烧热，转小火放入泡菜丝和猪肉丝，拌炒3分钟，再加入蛋液，拌炒至蛋液呈半熟状态，续加入米饭，转至中火拌炒3分钟。

⑤ 加入所有调料和葱花，转小火拌炒2分钟后熄火，起锅盛盘即可食用。

烹饪小秘方

泡菜简易腌肉法

韩式泡菜的调味很丰富，除了泡菜可以入菜，直接使用泡菜汁腌肉，不但可以简化腌肉的步骤，做出来的泡菜炒饭味道也更香、更地道。

PART 4

新鲜美味
海鲜菜肴

味道鲜美的海鲜产品，一直是最受大家欢迎的美食，无论快炒蒸煮还是煎炸，都很开胃。在家做海鲜其实也不麻烦！

海鲜类产品处理妙招

一般很少人会把贝类放进冰箱冷冻冷藏，因为买回的贝类必须赶快吃完。其实掌握了贝类保鲜法，就再也不用担心吃到不新鲜的贝类海鲜了。

妙招1 蚬处理法

Step1. 吐砂

市面上贩卖的贝类虽事先吐过沙，为了确保吐沙完全，买回家中后，最好再吐沙30分钟。

Step2. 清洗

将吐过沙的蚬用清水冲洗过，并沥干水分。

Step3. 放入冷冻库

放入保鲜盒中，并贴上标有品名及日期的标签，才不会忘记。

食材运用

各种贝类都可以用这类方式保鲜处理，只是吐沙时，可加入少许盐，会吐得更干净。

妙招2 带壳鲜虾处理法

Step1. 去肠泥

去除鲜虾背脊上的肠泥。

Step2. 剪须

将头部的须脚及尖端处剪除。

Step3. 加水

加入盖过虾表面的水分，才能保持虾肉里的水分。放入冷冻库冷藏，并在保鲜盒的表面贴上标签。

烹调运用

带壳的虾只要制做前拿出来解冻就可以使用。

妙招3 去壳鲜虾处理法

Step1. 去肠泥

去除鲜虾背脊上的肠泥。

Step2. 去头、去壳

将虾头、虾壳去除掉，尾巴最后一段的壳可以保留，烹调时较美观。

Step3. 沥干

把去壳的虾沥干，用纸巾将表面的水分吸干，平放在密封袋中，并贴上标签、放入冰箱冷冻。

烹调运用

去壳的虾肉就是虾仁，不用解冻就可以直接烹调。

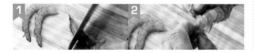

妙招4 炸虾处理法

Step1. 划刀

在已剥好壳的虾腹部划三刀。

Step2. 断筋

翻过虾仁，用手将虾仁中的筋压断，压的过程会感觉到有轻微的响声。

Step3. 立起虾

压到虾可以直立，表示已经断筋完全。

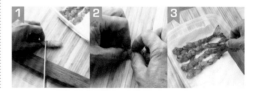

豆酱鲜鱼

📇 材料

鲈鱼	1尾（约400克）
姜末	10克
红辣椒末	5克
葱花	10克

🥄 调料

黄豆酱	3大匙
酱油	1大匙
米酒	2大匙
白糖	1大匙
香油	1小匙

🍲 做法

1. 鲈鱼洗净沥干，从腹部切开至背部但不切断，将整条鱼摊开成片状，放入盘中，盘底横放一根筷子备用。

2. 黄豆酱放入碗中，加入米酒、酱油、白糖及姜末、红辣椒末混合成蒸鱼酱。

3. 将蒸鱼酱均匀淋在鱼上，封上保鲜膜，两边留小缝隙透气勿密封，移入蒸笼以大火蒸8分钟后取出，撕去保鲜膜，撒上葱花并淋上香油即可。

烹饪小秘方

蒸鱼的快速秘诀

把鱼剖开摊平来蒸，不但可以缩短一半的时间就能熟透，而且也非常美观，方便食用。鱼身下再放支筷子将鱼肉撑起，还可让蒸汽更均匀地传达到内部，原本需要20分钟才能熟透的鱼，只要七八分钟就可以完成。

香烤蟹盒

材料

冷冻蟹盒	10个
起司丝	150克

做法

1 将起司丝撒于蟹盒上。

2 将做法1放入烤箱中，以上火200℃、下火200℃烤至表面微焦即可。

五柳鱼

材料

鲈鱼	1尾（约500克）
红辣椒丝	20克
青椒丝	20克
胡萝卜丝	20克
洋葱丝	30克
黑木耳丝	20克
葱丝	10克
食用油	适量

调料

A

盐	1/4小匙
鸡精	1/4小匙
白胡椒粉	1/4小匙
米酒	1/4小匙
水	100毫升

B

白醋	3大匙
番茄酱	3大匙
白糖	4大匙
水	3大匙

C

水淀粉	1大匙
香油	1小匙

做法

① 鲈鱼洗净沥干，鱼身两面间隔斜切几刀备用。

② 调料A放入深盘中调匀，再放入鱼肉抹匀并腌渍2分钟备用。

③ 热锅，倒入适量油烧热至180℃，放入腌渍好的鱼肉，以中小火炸5分钟至表面金黄酥脆，捞出沥干，摆入盘中备用。

④ 将锅中的油倒出，留少许油继续烧热，放入红辣椒丝、青椒丝、洋葱丝、黑木耳丝、葱丝及胡萝卜丝，以小火炒香，加入调料B拌匀，续煮至滚开，以水淀粉勾芡，最后淋入香油，盛出均匀淋在鱼身上即可。

烹饪小秘方

油炸的高温会让鱼的鲜甜流失，因此必须保持鱼的表皮完整才能留住美味，高温油炸原本需要的时间就比较短，此时只需要在鱼身两面都斜斜地切几刀，间隔2~3厘米宽，让油温能够更容易传达到内部，既可加快速度又维持美味。

豆酥蒸鳕鱼

材料

碎豆酥	50克
鳕鱼	1块（约200克）
蒜末	10克
葱花	20克
食用油	适量

调料

白糖	1/4小匙
辣椒酱	1小匙

做法

1. 鳕鱼洗净沥干置于盘中，移入蒸笼以大火蒸8分钟，取出备用。

2. 热锅，倒入适量食用油烧热，放入蒜末以小火略炒出香味，再加入碎豆酥及白糖，以中火持续翻炒至豆酥颜色成为金黄色，改小火加入辣椒酱快速炒匀，最后加入葱花略拌，盛出均匀淋在鳕鱼上即可。

烹饪小秘方

挑对鳕鱼能让烹调更快速

鳕鱼的肉质含有较高的油脂，在烹调中会比其他鱼类更快熟，切片的鳕鱼厚度也决定了烹调需要的时间长短，要快又兼顾美味，最好选择1～2厘米厚的鳕鱼。直接先将鳕鱼蒸熟，会比淋上配料再蒸更快熟，蒸好之后搭配上味道较重的辣椒豆酥就能避免不入味的问题。

罗勒炒螺肉

材料
罗勒	20克
螺肉	250克
葱（切碎）	1根
蒜（切碎）	4瓣
红辣椒（切碎）	1个
食用油	适量

调料
酱油	1大匙
沙茶酱	1小匙
白糖	1小匙
米酒	1大匙
香油	1小匙

做法
① 螺肉洗净，放入滚水中氽烫，备用。

② 热锅，加入适量食用油，放入葱碎、蒜碎、红辣椒碎炒香，再加入螺肉及所有调料拌炒均匀，起锅前加入洗净的罗勒快炒匀即可。

烹饪小秘方

快速增加海鲜香气的秘诀

海鲜菜最重要的就是口感和鲜香气味，在海鲜下锅炒之后淋一点米酒，起锅前加一点罗勒叶翻炒几下，就能快速地为海鲜提鲜增香。

干煎带鱼

材料

带鱼	400克
面粉	1大匙
食用油	适量

调料

水	1大匙
盐	1大匙
米酒	1大匙
胡椒粉	1小匙
香油	1大匙

做法

1. 白带鱼洗净切成6厘米见方的片状,加入所有腌料腌3小时后取出沥干。
2. 将腌好的带鱼片均匀沾裹上面粉,静置5分钟后备用。
3. 热一锅倒入2大匙油,加热至刚冒白烟时,立刻放入沾裹面粉的白带鱼片,以中火煎至两面金黄熟透即可。

烹饪小秘方

热油让鱼快熟不粘黏

煎鱼时要先将锅烧热,色拉油加入之后也不要急着放鱼下锅,等到油温较高的时候再放入,表面可以更快熟以维持鱼肉的鲜嫩口感,同时也不容易粘锅。

椒盐鲜鱿

材料

A

鲜鱿鱼	180克
葱	2根
蒜	20克
蛋黄	1个
红辣椒	1个
食用油	适量

B

玉米粉	1/2杯
吉士粉	1/2杯

调料

A

盐	1/4小匙
白糖	1/4小匙

B

白胡椒盐	1/4小匙

做法

1. 鲜鱿鱼洗净剪开后去除表面皮膜，在内面交叉以刀斜切出花刀，以厨房纸巾稍微擦干水分，切成小片后放入大碗中，加入所有调料A和蛋黄拌匀备用。

2. 葱、蒜及红辣椒去籽，均洗净、切碎备用；材料B放入碗中混合均匀成炸粉。

3. 将备好的鱿鱼片均匀沾上炸粉，放入烧热至160℃的油锅中，以大火炸约1分钟至表皮呈金黄酥脆，捞出沥干备用。

4. 将锅中油倒出，余油继续烧热，放入葱碎、蒜碎及红辣椒碎以小火爆香，再加入炸好的鱿鱼片和白胡椒盐，转大火快速翻炒均匀即可。

烹饪小秘方

椒盐让酥炸变化新滋味

油炸食物通常不需要太长的时间，但是缺点就是几乎只能表现出食材的新鲜原味，味道的变化少。酥炸之后以椒盐快速地翻炒一下，让酥脆的口感外再包覆一层咸香，美味也更上一层。

酸辣鱼皮

材料
鱼皮	300克
圆白菜	60克
竹笋	50克
胡萝卜	15克
红辣椒	2个
葱	2根
姜	10克
食用油	适量

调料
A
盐	1/6小匙
米酒	1小匙
鸡精	1/6小匙
白糖	1小匙
陈醋	1大匙
水	50毫升

B
水淀粉	1小匙
香油	1小匙

做法
1. 将鱼皮放入滚水中氽烫至熟后，捞出冲凉水，备用。
2. 把圆白菜、胡萝卜（去皮）、竹笋洗净切片；红辣椒洗净切末，葱洗净切段、姜洗净切丝，备用。
3. 热锅，加入少许食用油，以小火爆香葱段、姜丝及红辣椒末，再加入鱼皮、圆白菜片、笋片及胡萝卜片同炒。
4. 在锅中淋上米酒略炒后，加入其余调料A以中火炒至圆白菜片略软后，再以水淀粉勾芡，最后淋上香油即可。

烹饪小秘方

鱼皮软嫩的快速秘诀

鱼皮含有丰富的胶质，要让鱼皮吃起来软嫩，必须在下锅煮之前先经过氽烫和冲凉的步骤，如此就能让鱼皮较具弹性。

醋溜鱼片

材料

A
鲷鱼片	300克
食用油	适量

B
洋葱片	20克
青椒片	20克
黄甜椒片	20克
姜片	10克

调料
糖醋酱	2大匙

腌料
盐	1/2小匙
米酒	1大匙
胡椒粉	1/2小匙
淀粉	1大匙

做法

1. 鲷鱼片加入所有腌料抓匀，腌渍15分钟后、过油，备用。

2. 热锅，加入适量色拉油，放入所有材料B炒香，再加入糖醋酱与鲷鱼片拌炒均匀即可。

烹饪小秘方

快速切鱼片的秘诀

鱼肉切薄片时很容易散开，最好是在冷冻尚未完全退冰的时候切，最能掌握鱼肉片的形状，不但切得漂亮也可以更快速。

红油鱼片

材料
鲷鱼片　　200克
绿豆芽　　30克
葱末　　　5克

调料
酱油　　　2小匙
蚝油　　　1小匙
白醋　　　1小匙
白糖　　　1.5小匙
辣油　　　2大匙
冷开水　　2小匙

做法
1 鲷鱼片洗净切花片备用。

2 所有调料放入碗中拌匀成酱汁备用。

3 锅中倒入适量水烧开，先放入绿豆芽汆烫5秒，捞出沥干盛入盘中备用。

4 续将鱼片放入滚水锅中汆烫至再次滚开，熄火浸泡3分钟，捞出沥干放入绿豆芽上，最后淋上酱汁并撒上葱花即可。

烹饪小秘方

薄鱼片汆烫的快速美味

新鲜的薄鱼片只需要稍微汆烫一下就是最好的烹调方式，既快速又能完美表现出鱼肉的鲜甜滋味，搭配上口味重且较为浓稠的酱汁，能紧紧包覆在鱼片的表面上，外香滑内鲜甜的绝佳鱼肉菜5分钟就能上桌。

宫保虾球

材料
虾仁	120克
干辣椒段	10克
蒜末	5克
葱段	20克
食用油	适量

调料

A
盐	1/8小匙
蛋白	1小匙
淀粉	1小匙

B
白醋	1小匙
酱油	1大匙
白糖	1小匙
米酒	1小匙
水	1大匙
淀粉	1/2小匙

C
香油	1小匙

做法

1. 虾仁洗净沥干水分，以刀从虾背划开深至1/3处，放入碗中，加入调料A抓匀备用。
2. 调料B放入另一碗中，调匀成酱汁备用。
3. 热锅，倒入适量油烧热至150℃，将虾仁均匀裹上干淀粉后放入锅中，以中小火炸2分钟至表面酥脆，捞出沥干油分备用。
4. 将锅中的油倒出，余油继续烧热后放入葱段、蒜末和干辣椒段以小火爆香，再加入虾仁，转大火快炒5秒钟，边炒边分次淋入酱汁炒匀，最后淋上香油即可。

烹饪小秘方

有些菜肴的美味就是来自于多样的烹调手法，比如先炸过以去腥杀青，等材料的原味提升且差不多熟了之后，再以快炒调出更丰富的味道。与其为了求快简化过程，让味道大打折扣，不如将调味的程序加以融合，省去一次一次添加调料的时间，直接将调料先混合好，再分次入锅让材料能充分入味，才是快又美味的妙招。

豆豉鲜蚵

🍲 材料

A

蚵仔	200克
盒装豆腐	1盒
食用油	适量

B

豆豉	20克
姜末	10克
蒜末	8克
红辣椒末	10克
葱花	30克

🥄 调料

A

米酒	1小匙
酱油	2大匙
白糖	1小匙

B

水淀粉	1大匙
香油	1小匙

🍳 做法

1. 蚵仔洗净沥干，放入滚水中汆烫5秒钟，立即捞出沥干水分备用。

2. 豆腐取出洗净，切小丁备用。

3. 热锅，倒入1大匙油烧热，放入材料B以小火爆香，加入蚵仔及豆腐丁轻拌数下，再加入所有调料A煮开，最后以水淀粉勾芡再淋上香油即可。

> **烹饪小秘方**
>
> **汆烫让海鲜更快收干汤汁**
>
> 　　海鲜类几乎都是易熟的材料，所以通常没有难熟的困扰，反而是煮了会出水冲淡味道这项特质很让人不知所措。想要收干汤汁让好味道进去，反而越煮越久，最好的方法其实是先把海鲜汆烫一下，只要过过滚水马上捞起来就好，就能让海鲜出水的情况改善，烹调时也不会再缩水了。

胡椒虾

材料

白虾	200克
蒜	2瓣
红辣椒	1个
青葱段	2根
食用油	适量

调料

盐	1小匙
香油	1小匙
白胡椒粉	1大匙

做法

① 将白虾的尖头和长虾须剪掉后洗净，再放入滚水中快速汆烫捞起备用。

② 将辣椒、蒜洗净，都切片状备用。

③ 热锅放入食用油，加入辣椒片、蒜片和青葱段先爆香，再放入白虾和所有的调料一起翻炒均匀即可。

烹饪小秘方

先烫熟虾可以更快入味

　　白虾烫过可以去除腥味，因为肉质在汆烫时收缩过，再次炒的时候就不会有出水问题，能够更均匀地沾附上胡椒粉，让味道更浓郁、更快入味。

姜丝蒸蛤蜊

🍚 材料

姜丝　　　20克
蛤蜊　　　500克

🥄 调料

盐　　　1/6小匙
米酒　　　1大匙

🍱 做法

① 蛤蜊泡入水中吐沙，洗净沥干后放入大碗中备用。

② 将盐、米酒及姜丝均匀放入大碗中，以保鲜膜封好。

③ 将大碗移入蒸笼，以大火蒸6分钟后取出，撕除保鲜膜即可。

烹饪小秘方

预热让电饭锅蒸得更快速

使用电饭锅蒸东西的时候往往是冷锅时放入食物，事实上，电饭锅也是可以先预热的。如同以蒸笼蒸东西的时候会先将水烧开再放入食物一样，电饭锅也可以先按下开关，等开始冒出蒸汽再放入食物，就能缩短蒸的时间，蒸出来的海鲜也会更鲜嫩。

咸酥虾

材料
白刺虾　　　　　300克
葱（切末）　　　1根
蒜（切末）　　　4瓣
红辣椒（切末）　1/2个
食用油　　　　　适量

调料
盐　　　　　　　1小匙
胡椒粉　　　　　1/2小匙

做法
1. 白刺虾剪去头须、脚、尾、刺后洗净抹干，放入油温140℃的油锅中炸熟，备用。

2. 热锅，加入适量食用油，放入葱末、蒜末、红辣椒末炒香，再加入虾及所有调料拌炒均匀即可。

烹饪小秘方
让虾快速香酥的秘诀

虾带壳烹煮比较能维持虾肉的嫩度却不容易入味，要利用虾壳的特性为菜肴加温，可以先以中低温油炸过，虾壳在油炸之后具有的香酥滋味，就能让虾肉菜更加分。

豆豉汁蒸生蚵

材料
生蚵	120克
葱	30克
红辣椒	5克
豆豉	50克
姜末	30克
蒜末	30克
红辣椒末	10克

调料
蚝油	2大匙
酱油	1大匙
米酒	3大匙
白糖	2大匙
胡椒粉	1小匙
香油	2大匙

做法
1. 将生蚵洗净，加入适量淀粉（材料外）抓匀；葱洗净切段；红辣椒洗净切丝备用。
2. 取一锅，将所有调料拌匀，煮至滚沸即为豆豉汁备用。
3. 将葱段、红辣椒丝放入蒸盘内，与生蚵混合均匀，淋上3大匙豆豉汁。
4. 取一炒锅，锅中加入适量水，放上蒸架，将水煮至滚沸，再放入做法3的蒸盘，盖上锅盖以大火蒸3分钟即可。

烹饪小秘方

生蚵软嫩不黏的秘诀

若喜欢生蚵吃起来滑嫩的口感，可以先将生蚵沾少许细地瓜粉，然后放入滚水中略汆烫，再蒸。但要注意的是，烫一下滚水即可捞起冲冷水，在热胀冷缩的原理下，蚵仔会比较不易粘黏，蒸起来不仅不容易萎缩，吃起来口感会较软嫩。

三杯中卷

材料

鱿鱼	250克
蒜	10瓣
老姜片	30克
红辣椒段	30克
葱段	20克
罗勒	20克
食用油	适量

调料

酱油	2大匙
米酒	1大匙
胡麻油	1大匙
糖	1小匙
陈醋	1小匙

做法

1. 鱿鱼洗净切兰花刀，再切块，备用。

2. 热锅，加入适量食用油，放入蒜、老姜片、葱段、红辣椒段爆香，再加入备好的鱿鱼及所有调料焖炒至汤汁收干，起锅前再加入洗净的罗勒拌炒均匀即可。

烹饪小秘方

掌握三杯的美味诀窍

不管用哪一种材料来做三杯菜，大原则是一样的：第一是爆香老姜片，炒到姜片颜色变深且稍微卷曲；第二是加入主材料和调料炒至汤汁略收干；第三是起锅前加入罗勒提香，完成这三步骤就是美味的三杯菜。

干烧大虾

材料
草虾　　　10只
洋葱　　　50克
蒜末　　　10克
食用油　　适量

调料
红辣椒酱　1大匙
番茄酱　　2大匙
水　　　　50毫升
白糖　　　1大匙

做法

① 草虾剪去长须及足，再从背部剪至尾部，深至虾身一半的深度，挑出肠泥，洗净沥干备用。

② 洋葱去皮，洗净后切丁备用。

③ 热锅，倒入1大匙油烧热，将草虾排放平铺至锅中，以小火煎1分钟，翻面续煎约1分钟至两面变红香气溢出。

④ 将蒜末、洋葱丁加入锅中，转中火与虾一起翻炒30秒钟，再加入红辣椒酱、番茄酱、水、盐及白糖，拌匀后盖上锅盖转小火焖煮，3分钟后打开锅盖，转中火将汤汁收干即可。

烹饪小秘方

大虾的快熟秘诀

体型较大的虾不容易入味，尤其是带壳烹调的时候酱汁更不容易进入，要维持虾的完整又兼顾快熟好入味，最好的方式就是先以剪刀将虾背剪开，除了剪开外壳，虾背部分的肉也剪开约一半的深度，加热后虾也能卷成更漂亮的形状。

热炒蟹脚

材料

蟹钳	600克
姜末	15克
蒜末	15克
红辣椒片	15克
葱段	20克
洋葱丝	20克
罗勒	适量
食用油	适量

调料

盐	1/2小匙
鸡精	1/4小匙
酱油	少许
黑胡椒粉	少许
蚝油	1小匙
沙茶酱	1小匙

做法

① 蟹钳洗净后稍微敲裂，放入沸水中汆烫，备用。

② 热锅，倒入2大匙油，放入姜末、蒜末、红辣椒片、葱段、洋葱丝爆香。

③ 加入蟹钳炒熟，加入所有调料调味，最后加入罗勒拌匀即可。

烹饪小秘方

敲开蟹钳才能快熟入味

蟹钳在开始烹调之前一定稍微敲出裂痕，在烹调的时候才能让里面的蟹肉加速熟透和入味，同时也方便食用，如果要马上煮，采买的时候也可以请摊贩老板代为处理。

蒜茸蒸草虾

📋 材料

蒜	3瓣
草虾	8只
葱	1根
红辣椒	1/3个
西芹	1根
起司丝	1大匙

🧂 调料

奶油	20克
香油	1小匙
盐	少许
白胡椒粉	少许

📖 做法

1. 草虾洗净，挑去沙筋，划开虾背备用。

2. 将蒜、葱、红辣椒、西芹都洗净切成碎末状备用。

3. 将奶油放置在室外成常温状（让奶油自然软化），再加入所有材料与其余的调料混合拌匀即为蒜蓉酱。

4. 将蒜蓉酱均匀涂抹在草虾背部，涂好后放入蒸笼中，再以大火蒸6分钟即可。

烹饪小秘方

大蒜让菜肴更够味

　　大蒜是味道很强烈的材料，而且很容易被其他材料吸收，所以使用大蒜调味可以更快入味。如果担心大蒜的味道太刺激，只要再搭配能调合味道的材料，例如白糖、奶油就会温和许多。

蜜汁鱿鱼卷

🍲 材料

鱿鱼	1尾（约350克）
蒜末	1小匙
红辣椒	1/2个
香菜	30克
面粉	1大匙
食用油	适量

🍶 调料

白糖	2大匙
盐	1/4小匙
米酒	2小匙
水	60毫升

🍳 做法

1. 鱿鱼洗净去内脏后，切成片状；红辣椒洗净切斜片，备用。

2. 将鱿鱼片切花刀后，均匀沾裹上面粉备用。

3. 热一锅倒入适量油，待油温烧热至170℃时，放入鱿鱼片炸至卷曲且金黄，捞出备用。

4. 锅中留少许油，放入蒜末及辣椒片爆香后，加入所有调料煮至汤汁沸腾。

5. 再加入鱿鱼卷片拌炒均匀，加入香菜即可。

烹饪小秘方 尽量省略海鲜麻烦的前期处理

海鲜类食材经常会有去皮、去内脏等比较麻烦的处理过程，可以的话尽量在购买的时候就请鱼贩代为处理，一方面可以省去自己处理的步骤，另一方面也可以延长鲜度与保存期限。

酱黄瓜蒸鱼肚

材料

酱黄瓜	适量（3~4大匙）
虱目鱼肚	1个
姜片	2片
葱丝	少许
辣椒丝	少许

调料

香油	少许
黄瓜酱汁	少许

做法

1. 先将虱目鱼肚腌入葱姜酒汁（材料外），然后放入滚水中，氽烫3秒即可捞起冲水。

2. 以刀尖端逆向轻刮鱼背，将鱼背上没有清除干净的鱼鳞刮除。

3. 将酱黄瓜略切成粒，锅中放入2大匙水、少许黄瓜酱汁与切粒的黄瓜，待汤汁烧开后熄火。

4. 鱼盘底铺上姜片、鱼肚，将煮好的酱汁盛在鱼肚上。

5. 盖上保鲜膜，放入蒸锅以大火蒸12分钟，取出摆上葱丝、辣椒丝，并淋上一些香油即可。

糖醋鱼片

材料
鲷鱼片	200克
洋葱片	40克
青椒片	40克
红甜椒片	40克
葱段	10克
食用油	适量

腌料
盐	少许
米酒	少许
淀粉	少许
地瓜粉	少许

调料
A
白糖	1大匙
盐	少许
白醋	1大匙
水	100毫升

B
番茄酱	2大匙
水淀粉	少许

做法
① 鲷鱼片加入所有腌料拌匀，备用。

② 热油锅，放入鱼片炸至上色后捞起，再放入洋葱片、青椒片、红甜椒片过油捞出，备用。

③ 倒除多余的油，留少量油重新加热，放入番茄酱炒匀，再加入调料A煮滚，接着放入做法2的所有材料、葱段拌炒入味，起锅前加入水淀粉拌匀勾芡即可。

酸菜炒鱼肚

🍲 材料

酸菜	100克
鱼肚	170克
姜	20克
红辣椒	2个

🥄 调料

Ⓐ

盐	1/4小匙
白糖	1大匙
白醋	1大匙
水	50毫升
米酒	1大匙

Ⓑ

水淀粉	1小匙
香油	1小匙

📋 做法

1. 把鱼肚洗净后，切丝；酸菜洗净切丝；姜及红辣椒洗净切丝，备用。

2. 热锅后，加入1大匙食用油，以小火爆香姜丝、辣椒丝，再加入鱼肚丝、酸菜丝转大火炒匀。

3. 在锅中加入所有调料A炒1分钟，再用水淀粉勾芡并淋上香油即可。

> **烹饪小秘方**
>
> **利用酸菜提升菜肴的鲜嫩度**
>
> 酸味在烹调上有很大的作用，也是开胃的好帮手。利用酸菜的自然酸味，可以提高鱼肚的鲜美滋味、帮助更快入味，同时也能让鱼肚口感更软嫩。

蟹丝炒蛋

材料

越前棒（蟹肉丝）　20克
鸡蛋　　　　　　　　3个
葱丝　　　　　　　　12克
食用油　　　　　　　适量

调料

盐　　　　　　　1/4小匙
白胡椒粉　　　　1/6小匙
水淀粉　　　　　1大匙

做法

1. 越前棒洗净剥成丝备用。
2. 鸡蛋打入碗中打散，加入蟹肉丝和所有调料一起拌匀备用。
3. 热锅，倒入2大匙油烧热，倒入做法2，以中火快速翻炒至蛋汁凝固即可。

烹饪小秘方

炒蛋的快速变化原则

炒蛋是最家常又方便的快速菜肴，虽然简单的炒蛋也很开胃下饭，但是如果多点变化则更具风味与营养，不过参杂其他材料的蛋汁，受热会比单纯的蛋汁不均匀一些，如果要求快最好选择原本就是熟的材料，如此就能既快速又增添美味。

蛤蜊丝瓜

材料

蛤蜊	300克
丝瓜	1条
葱	1根
红辣椒	1个
蒜末	1大匙
姜丝	30克
食用油	适量

调料

A

盐	1小匙
鸡精	2小匙
米酒	1大匙
水	240毫升

B

香油	适量
水淀粉	适量

做法

1. 丝瓜去皮洗净后切片；葱洗净切段；红辣椒洗净切片；蛤蜊浸泡清水吐沙，洗净备用。

2. 热一锅倒入适量油，放入葱段、红辣椒片、姜丝与蒜末爆香。

3. 再放入调料A与丝瓜片、蛤蜊，转中火并盖上锅盖焖至蛤蜊开口后，以水淀粉勾芡并淋上香油即可。

> **烹饪小秘方**
>
> **焖煮一下蛤蜊会更快打开**
>
> 蛤蜊的鲜美滋味很容易流失，加点水让汤汁吸收蛤蜊的鲜味是最好的办法，煮匀之后加盖焖一下可以让蛤蜊受热更均匀，所以就能更快打开，避免久煮让肉质变老。

银鱼炒豆干

材料
小银鱼干100克，豆干5块，红辣椒1个，蒜1瓣，食用油1大匙

调料
盐1/4茶匙，白糖1/2茶匙，酱油1茶匙，水50毫升

做法
1. 将每块豆干洗净横切成两片，再切成0.5厘米宽条状；红辣椒洗净切丝；蒜洗净切末备用。
2. 将小银鱼洗净后泡水，泡到变软后沥干。
3. 取锅烧热后，放入1大匙油，转小火放入切好的豆干与沥干的小银鱼炒3分钟。
4. 于锅中放入蒜末炒半分钟，再加入红辣椒丝及所有调料，继续翻炒至水分收干即可。

树子蒸鲜鱼

材料
鲈鱼（小）1尾，姜10克，葱1根，辣椒1/3个，食用油适量

调料
树子30克，香油1小匙，白糖1小匙，酱油1小匙，米酒1大匙

做法
1. 鲈鱼洗净，在鱼背上划几刀；姜洗净切丝；葱洗净切小段；辣椒洗净切片，备用。
2. 取蒸盘，盘底先抹上少许食用油，再放入鲈鱼，接着将所有调料均匀加在鱼身上。
3. 放入葱段、辣椒片，再以耐热保鲜膜包覆。
4. 放入电饭锅中，蒸15分钟即可取出。

蟹肉蒸丝瓜

材料
蟹腿肉100克，丝瓜1/2根，蒜2瓣，葱1根，姜10克

调料
黄豆酱1小匙，白糖1小匙，香油1小匙，米酒1大匙，盐少许，白胡椒粉少许

做法
1. 丝瓜去皮洗净，切成小块状；蟹腿肉用清水轻轻洗净，挑除壳，备用。
2. 将蒜、姜洗净切片；葱洗净切段；所有调料搅拌均匀，备用。
3. 取一大张锡箔纸，先放入丝瓜，接着加入蒜片、姜片、葱段与蟹腿肉，最后加入调好的酱汁再包好。
4. 放入电饭锅中，蒸15分钟即可。

蛤蜊蒸蛋

材料
蛤蜊100克，鸡蛋3个

调料
盐少许，白胡椒粉少许，水少许

做法
1. 取鸡蛋敲至碗中，加入所有调料后打成蛋液，接着使用细滤网将蛋液过筛至瓷碗中，以耐热保鲜膜封口。
2. 放入电饭锅中，蒸10分钟时，将蒸蛋取出，轻轻将保鲜膜打开，加入蛤蜊，再将保鲜膜包好回蒸5分钟即可。

豆腐鲜蚵

材料
豆腐2块，鲜蚵200克，姜末10克，蒜末10克，辣椒末10克，蒜苗片20克

调料
黄豆酱1.5大匙，白糖1/4小匙，米酒1大匙，水淀粉适量

做法

1. 老豆腐切小块；鲜蚵洗净沥干，备用。
2. 热锅，加入2大匙色拉油，放入姜末、蒜末、辣椒末爆香，再放入黄豆酱炒香。
3. 于锅中放入鲜蚵轻轻拌炒，再加入豆腐块、蒜苗片、糖、米酒轻轻拌炒均匀入味，起锅前加入淀粉水拌匀即可。

罗勒海瓜子

材料
海瓜子600克，罗勒50克，红辣椒1个，蒜末1大匙，食用油1大匙

调料
Ⓐ 酱油2大匙，陈醋2大匙，白糖1大匙
Ⓑ 水淀粉适量

做法

1. 海瓜子洗净；罗勒洗净；红辣椒洗净切片，备用。
2. 取锅烧热后，放入1大匙油，再放入红辣椒片与蒜末一同爆香。
3. 于锅中放入洗净的海瓜子，以中火略炒。
4. 再加入调料A，盖上锅盖焖煮。
5. 当海瓜子煮至开口后，放入洗净的罗勒，转大火续炒。
6. 当罗勒炒至塌陷后，加入调料B勾芡即可。

银鱼炒苋菜

材料

银鱼	50克
苋菜	300克
蒜末	15克
姜末	5克
胡萝卜丝	10克
食用油	适量

调料

A

盐	1/4小匙
鸡精	1/4小匙
米酒	1/2大匙
白胡椒粉	少许

B

香油	少许
水淀粉	适量
热高汤	150毫升

做法

1. 银鱼洗净沥干；苋菜洗净切段，放入沸水中汆烫1分钟，捞出备用。

2. 热锅，倒入2大匙油，放入姜末、蒜末爆香，再放入银鱼炒香。

3. 加入苋菜段及胡萝卜丝拌炒均匀，加入热高汤、所有调料拌匀，以水淀粉勾芡，再淋上香油即可。

烹饪小秘方

如何快速去除苋菜青涩味

苋菜是方便又滋补的好食材，不过青涩味却较重，若想去除青涩味让菜肴更好吃，首先要将苋菜汆烫一下再烹调，起锅前再以水淀粉稍微勾薄芡，就能完全去除青涩味。

蒜苗炒墨鱼

材料

青蒜	1棵
墨鱼	300克
辣椒	1个
蒜末	5克
姜末	5克
爌肉卤汁	50毫升
食用油	1大匙

调料

盐	少许
白糖	少许
米酒	1小匙
陈醋	1/2小匙
沙茶酱	1/2大匙

做法

1. 墨鱼洗净切片；青蒜、辣椒洗净切斜片，备用。
2. 热锅，倒入1大匙油，放入蒜末、姜末爆香后，加入青蒜片、辣椒片炒香。
3. 加入墨鱼片拌炒数下，再加入爌肉卤汁、所有调料炒至收汁入味即可。

烹饪小秘方

爌肉卤汁

材料：

五花肉1200克，葱2根，姜1小块，蒜5颗

调料：

酱油180毫升，盐1小匙，冰糖1大匙，米酒2大匙，五香粉少许，白胡椒粉少许，水180毫升，肉桂10克，八角3颗

做法：

1. 五花肉洗净切大片；葱洗净切段；姜洗净切片；蒜拍裂去膜洗净，备用。
2. 热锅，倒入4大匙油，放入五花肉片煎至两面上色，取出五花肉片。
3. 原锅中放入葱段、姜片、蒜爆香至微焦，再放入五花肉片、所有调料炒香，加入水煮沸。
4. 将所有材料与汤汁移入砂锅中，加入肉桂、八角煮至沸腾，转小火续卤90分钟即可。

咸冬瓜蒸鲜鱼

材料
咸冬瓜50克，鲈鱼1尾，姜5克，葱1根

调料
酱油1小匙，香油1小匙，米酒1大匙

做法
1. 将鲈鱼洗净、去除鱼鳞，在鱼身处划几刀，备用。
2. 咸冬瓜切小片；姜洗净切片；葱洗净切小段，备用。
3. 取一长盘，将鱼放入盘中，在鱼身上加入咸冬瓜片、姜片、葱段，接着加入所有调料，再包覆耐热保鲜膜。
4. 放入蒸锅中，以大火蒸10分钟即可。

红烧海参

材料
海参200克，竹笋20克，胡萝卜20克，姜片5克，葱1根

调料
A 高汤150毫升，盐1克，鸡精2克，白糖2克，蚝油15克，老抽2毫升，胡椒粉少许
B 水淀粉10毫升，香油5毫升

做法
1. 海参洗净后，切大块；葱洗净切段；竹笋、胡萝卜洗净切小片，连同海参一起放入滚水中余烫后，取出冲凉沥干备用。
2. 取锅，加入适量食用油烧热，以小火爆香做法1的材料，再加入调料A煮30秒，倒入水淀粉勾芡，起锅前淋上香油拌匀即可。

滑蛋虾仁

材料

鸡蛋	4个
虾仁	100克
食用油	2大匙

调料

盐	1/2茶匙
水淀粉	适量

做法

① 将虾仁烫熟过冷水；葱洗净切成葱花，备用。

② 将鸡蛋打入碗内，加入所有调料与葱花一同拌匀。

③ 取锅烧热后，放入2大匙油润锅。

④ 转小火，放入鸡蛋糊及烫熟的虾仁后，用锅铲慢慢以圆形方向轻推，至蛋定型即可。

烹饪小秘方

滑蛋虾仁这道菜的美味所在，就在于蛋质特别滑嫩可口，诀窍就是要先勾芡，且下锅时一定要用小火炒，火太大就容易炒干，失去应有的软嫩口感。

烩三鲜

材料
虾仁　　　100克
鱿鱼卷　　适量
蛤蜊　　　50克
蒜　　　　3瓣
辣椒　　　1/3个
葱　　　　1根

调料
A
辣豆瓣　　1小匙
香油　　　1小匙
盐　　　　少许
白胡椒粉　少许
米酒　　　1大匙
水　　　　适量
B
水淀粉　　少许

烹饪小秘方
也可使用咖喱酱包代替调料，更方便省时。

做法
1. 虾仁剖开背、去沙筋洗净；鱿鱼卷洗净切小圈，放入滚水中氽烫一下，捞出泡冷水；蛤蜊泡盐水吐沙，捞出沥干水份，备用。
2. 蒜、辣椒洗净切片；葱洗净切小段，备用。
3. 热锅，加入1大匙食用油，放入蒜片、辣椒片、葱段以中火爆香，接着加入海鲜材料炒熟。
4. 再加入所有调料A翻炒均匀，再以水淀粉勾芡即可。